国家职业技能等级认定培训教材——合编版

中式面点师

（初级 中级 高级）

人力资源社会保障部教材办公室　组织编写

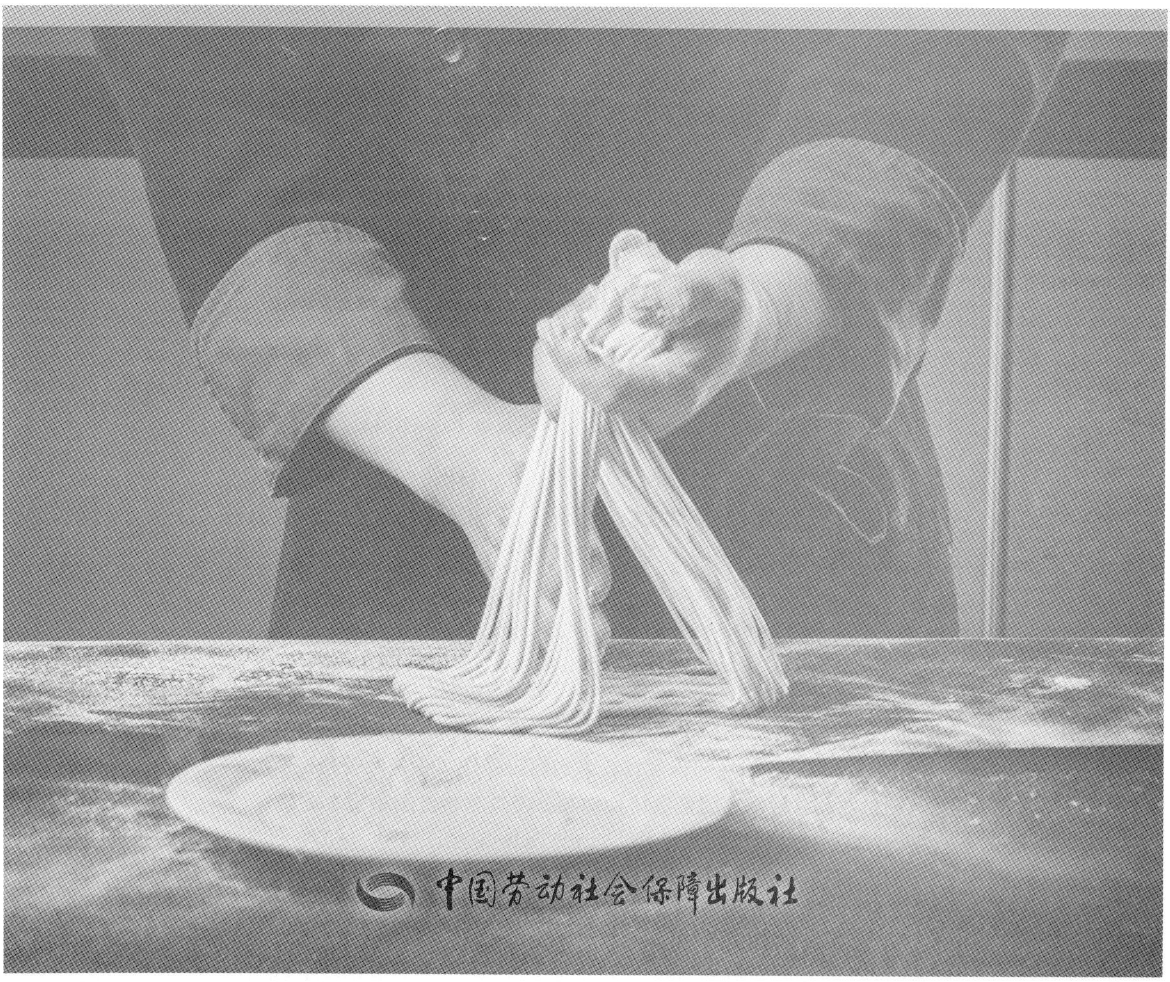

中国劳动社会保障出版社

图书在版编目（CIP）数据

中式面点师：初级　中级　高级 / 人力资源社会保障部教材办公室组织编写 . -- 北京：中国劳动社会保障出版社，2021

国家职业技能等级认定培训教材：合编版

ISBN 978-7-5167-4596-0

Ⅰ.①中… Ⅱ.①人… Ⅲ.①面食 - 制作 - 中国 - 技术培训 - 教材　Ⅳ.① TS972.116

中国版本图书馆 CIP 数据核字（2021）第 012577 号

中国劳动社会保障出版社出版发行

（北京市惠新东街 1 号　邮政编码：100029）

*

三河市华骏印务包装有限公司印刷装订　新华书店经销

787 毫米 ×1092 毫米　16 开本　14.75 印张　259 千字
2021 年 2 月第 1 版　2024 年 1 月第 5 次印刷

定价：25.00 元

营销中心电话：400-606-6496

出版社网址：http://www.class.com.cn

版权专有　　侵权必究

如有印装差错，请与本社联系调换：（010）81211666

我社将与版权执法机关配合，大力打击盗印、销售和使用盗版图书活动，敬请广大读者协助举报，经查实将给予举报者奖励。

举报电话：（010）64954652

前 言

为贯彻落实中共中央、国务院《关于分类推进人才评价机制改革的指导意见》精神，推动烹调师、面点师职业培训和职业技能等级认定工作的开展，在烹饪专业从业人员中推行职业技能等级制度，推进实施职业技能提升行动，人力资源社会保障部教材办公室组织有关专家对原烹调师、面点师国家职业资格培训教程进行了优化升级，组织编写了国家职业技能等级认定培训教材——合编版。

本套教材依据相关《国家职业技能标准》（以下简称《标准》），结合岗位工作实际编写，内容上体现"以职业活动为导向、以职业能力为核心"的指导思想，突出职业等级认定培训特色；结构上针对烹调师、面点师职业活动领域，按照职业功能模块分级别编写。针对《标准》中的"基本要求"，还专门编写了中式烹调师、中式面点师、西式烹调师、西式面点师4个职业各个级别共用的《烹饪基础知识》，包括职业道德、饮食卫生、饮食营养、成本核算、厨房安全生产等方面的内容。

本书是国家职业技能等级认定培训教材——合编版中的一种，适用于初级、中级、高级中式面点师的培训，是国家职业技能等级认定培训推荐用书。

　　本书由王美、郭文彬、张人诚、崔琳、陈永浚、张晶编写,王美主编统稿,白玉洁审稿。由于时间仓促,不足之处在所难免,欢迎提出宝贵意见和建议。

人力资源社会保障部教材办公室

目　录

第一部分　中式面点师初级

第一章　操作前的准备 ……………………………………………………………… 3
第一节　操作间的整理及个人着装、仪表 …………………………………… 3
第二节　面坯的基础操作技术要领 …………………………………………… 6

第二章　设备与工具 ………………………………………………………………… 14
第一节　常用设备 ……………………………………………………………… 14
第二节　常用工具 ……………………………………………………………… 19

第三章　面点原料知识（一） ……………………………………………………… 24
第一节　稻谷与稻米 …………………………………………………………… 24
第二节　小麦与面粉 …………………………………………………………… 27
第三节　杂粮 …………………………………………………………………… 29

第四章　制馅工艺（一） …………………………………………………………… 34
第一节　常用咸馅原料的初加工 ……………………………………………… 34
第二节　常见的咸馅品种 ……………………………………………………… 36

第五章　面坯调制工艺（一） ……………………………………………………… 42
第一节　水调面坯 ……………………………………………………………… 42
第二节　化学膨松面坯 ………………………………………………………… 48
第三节　杂粮面坯 ……………………………………………………………… 50

第六章　成型工艺（一） ... 56
第一节　搓、擀、卷 ... 56
第二节　切、包、模具 ... 58

第七章　熟制工艺（一） ... 61
第一节　烤（一） ... 61
第二节　煮 ... 64
第三节　烙（一） ... 68

第二部分　中式面点师中级

第八章　面点原料知识（二） ... 73
第一节　制馅原料 ... 73
第二节　常用的辅助原料 ... 81
第三节　面点原料的保管 ... 84

第九章　制馅工艺（二） ... 89
第一节　常用甜馅原料的初加工 ... 89
第二节　常见的甜馅品种 ... 90

第十章　面坯调制工艺（二） ... 97
第一节　生物膨松面坯 ... 97
第二节　层酥面坯（一） ... 104
第三节　物理膨松面坯 ... 109
第四节　米及米粉面坯 ... 112
第五节　其他面坯（一） ... 115

第十一章　成型工艺（二） ... 122
第一节　叠、摊、按、剪 ... 122
第二节　拧、捏、滚粘、镶嵌 ... 124

第十二章　熟制工艺（二） ... 127
第一节　蒸 ... 127
第二节　烤（二） ... 130
第三节　烙（二） ... 133

第十三章　装饰工艺（一） ... 137
第一节　构图 ... 137
第二节　面点的色彩 ... 139

第三部分　中式面点师高级

第十四章　综合知识 ... 145
第一节　点心价格计算 ... 145
第二节　合理烹调，降低营养素的损失 ... 151

第十五章　面点原料知识（三） ... 155
第一节　食品添加剂 ... 155
第二节　大米和面粉的工艺性能 ... 164
第三节　复合调味品 ... 169

第十六章　制馅工艺（三） ... 171
第一节　馅心概述 ... 171
第二节　特色馅心制作工艺 ... 174
第三节　特色馅心品种 ... 177

第十七章　面坯调制工艺（三） ... 180
第一节　膨松面坯 ... 180
第二节　层酥面坯（二） ... 182
第三节　米粉面坯 ... 188
第四节　其他面坯（二） ... 190

第十八章　成型工艺（三） …… 200
　　第一节　抻、削、拨 …… 200
　　第二节　钳花、挤注 …… 202

第十九章　熟制工艺（三） …… 204
　　第一节　炸 …… 204
　　第二节　煎 …… 208
　　第三节　复合熟制法 …… 210
　　第四节　热能运用的一般原则 …… 214

第二十章　装饰工艺（二） …… 218
　　第一节　盘饰工艺 …… 218
　　第二节　工艺美术在裱花技巧上的运用 …… 222
　　第三节　造型蛋糕制作实例 …… 224

第一部分　中式面点师初级

第一章

操作前的准备

第一节　操作间的整理及个人着装、仪表

一、操作间卫生整理

1. 面点操作间的基本卫生要求

（1）操作间要求干净、明亮、空气畅通，无异味。

（2）全部物品摆放整齐。

（3）机械设备（和面机、轧面机、绞馅机等）、工作台（案台、墩子）、工具（面杖、刀剪、箩、秤等）、容器（缸、盆、罐等）要做到木见本色，铁见光，保证没有污物。

（4）地面保证每班次清洁一次。灶具每日打扫一次。

（5）屉布、抹布要保证每班次严格清洗一次并晾干。

（6）冰箱内外要保持清洁、无异味，物品摆放有条理、有次序。

（7）严禁在操作时吸烟，操作间内不得存放私人物品。

2. 工作台的清洗方法

（1）将案台上的面粉清理干净。

（2）用刮刀将案台上的面污、黏着物刮下，扫净。

（3）用抹布或板刷带水将案台清洗干净，将污水、污物抹入水盆中。注意：绝不能使污水流到地面上。

（4）最后用干的抹布将案台擦拭干净。

3. 地面的清洁方法

（1）先将地面扫净，倒掉垃圾。

（2）将墩布沾湿后，拧去多余水分，按次序、有规律地擦拭地面。

（3）擦拭地面时，要注意擦拭案台、机械设备、物品柜的底下，不留死角。

（4）擦拭地面应采用"倒退法"，以免踩脏刚刚擦拭的地面。

4. 抹布的清洁方法

（1）先用洗涤剂洗净抹布。

（2）将抹布放入开水中煮10 min（如油污较多，可在水中放适量碱面）。

（3）再将抹布放入清水中清洗干净。

（4）将洗干净的抹布拧干水分，晾晒于通风处。

5. 面点操作间的卫生制度

（1）操作间员工必须持有健康证、卫生知识培训合格证。

（2）操作间员工必须严格执行《中华人民共和国食品卫生法》中有关规定，把好卫生关。

（3）操作间员工必须讲究个人卫生，达到着装标准，保持工服清洁，不允许着工服去与生产经营无关的地方。

（4）原料使用必须符合有效期规定，散装原料要符合国家卫生标准和质量要求，不准使用霉变和不清洁的原料。

（5）操作间食品存放必须做到生熟分开，成品与半成品分开，并保持容器的清洁卫生。

（6）随时注意案台、地面及室内各种设备用具的清洁卫生，保持良好的工作环境。

（7）每天按卫生分工区域做好班后清洁工作。操作工具、容器、机械必须做到干净、整洁，接触食品的用具、容器以及屉布、抹布等要清洗干净。

二、个人着装及仪表

1. 工服的穿戴

（1）厨师帽

厨师帽应按照企业定制制式进行规范佩戴，并保持干净、整洁、美观，无破损。上岗前应将头发全部包在厨师帽内，大小调至以紧松适宜。

（2）厨师服

厨师服应按照企业定制的制式规范穿着。上岗前应在更衣室规范穿着厨师服，严禁穿着厨师服外出。厨师服应勤更换、勤洗涤，要保持厨师服洁白、平整、干净、无破损、无异味；纽扣齐全；不得用其他装饰物代替纽扣，领口纽扣要扣紧，袖口整齐。

（3）汗巾

汗巾须按照正确方法佩戴，熨烫平整，无破损、无污迹、无异味。

（4）围裙

围裙应保持干净、整洁、清爽，无破损，穿戴于腰部位置。

（5）工作牌

工作牌佩戴于左上胸显眼位置，工作时佩戴，确保干净、无破损，信息明确。

（6）工作裤

工作裤应按企业定制的制式规范穿着。工作裤必须是长裤，能包住腿部，裤脚不露袜子口。工作裤应保持干净整洁、熨烫平整，无污迹、无皱褶、无异味。

（7）工作鞋

工作鞋应保持干净整洁。穿工作鞋要包住整个脚部，严禁穿拖鞋、高跟鞋、凉鞋等进入工作区域。

（8）工作袜

工作袜颜色为黑色或深蓝色，无破洞、干净整洁。

2. 仪容仪表

（1）头发

1）男士。短发，修剪整齐，前不过眉，侧不过耳，后不盖领，干净无头屑，发型美观大方。

2）女士。前不遮眼，侧不盖耳，后不过肩，头发修剪整齐。长发应扎起或盘起，禁止披长头发或扎长辫子进入厨房。头发干净，发型美观大方。

上岗前必须戴厨师帽，并且要求头发全部束在厨师帽内。在进入工作区域前要对工作服和厨师帽的穿戴进行检查。

（2）面部

1）面部必须干净，直接接触食品的员工不许化妆，男士不许留胡须及长鬓角。

2）明档（开放式操作间）和直接接触客人的操作人员必须戴口罩（鼻孔不外露）。

3）牙齿洁净，口腔清新无异味（上班前不应吃有刺激性气味的食物）。

（3）手部

1）手部表面干净、无污垢。

2）指甲外端不准超过指尖，指甲内无污垢，不准涂指甲油。

第二节　面坯的基础操作技术要领

中式面点制作工艺是一项较为复杂的工艺，它大致包括10道工序。

一、和面

和面又称调面，是指将粉料与其他辅料（如水、油、蛋、添加剂等）掺和并调制成面坯的过程。和面是整个面点制作工艺中最初的一道工序，是制作点心的重要环节。和面质量的好坏，直接影响点心后续加工工艺程序的进行以及成品质量的好坏。

1. 和面的要领

在调制面坯时，需用一定强度的臂力和腕力。为了便于用力，两脚应稍微分开，站成丁字步。首先，将面粉放入缸内或案台上，在面粉中间扒一凹塘，然后分次将水或其他辅料掺入，拌成雪花状，最后再洒上少量水揉制成面坯。

2. 和面的基本要求

（1）掺水量要适当

掺水量应根据不同粉料品种、不同季节和不同面坯而定。掺水时应根据粉料的吸水情况分几次掺入，而不是一次加大量的水。

（2）动作迅速、干净利落

无论哪种和面手法都要求投料吃水均匀，符合面坯的性质要求。面和好以后，要做到手不粘面、面不粘缸（盆、案），面坯表面光滑。

3. 和面的手法

和面的手法大致有三种，即抄拌法、调和法、搅和法，其中以抄拌法使用最为广泛。

（1）抄拌法

将面粉放入缸或盆中，在面粉中间扒一凹塘，分次放水，用双手将粉料反复抄拌均匀，揉搓成面坯。

（2）调和法

将面粉放在案台上，围成中间薄周边厚的窝形（也称为"开窝"），将水或其他辅料倒入窝内,双手五指张开,将窝内原料混合均匀,再从内向外逐渐拨入面粉调和,面成雪片状后,再经搓、摔等工艺方法使面坯光滑。

(3)搅和法

将面粉放入盆内,左手浇水,右手拿面杖或竹筷搅和,边浇边搅,搅成均匀的面坯。

在面点制作工艺中,无论采用哪种和面手法,和好的面坯一般都要用干净的湿布盖上,以防止面坯表面干燥、结皮、裂缝。

二、揉面

揉面是在面粉颗粒吸水发生粘连的基础上,通过反复揉搓,使各种粉料调和均匀,充分吸收水分形成面坯的过程。揉面是调制面坯的关键,它可使面坯进一步增劲、柔润、光滑。

1. 揉面的基本要求

揉面时脚要稍稍分开,站成丁字步,上身要稍微弯曲,身体不靠案台。面坯要揉透,使整块面坯吸水均匀,不夹粉茬,揉至面光、缸光、手光。

2. 揉面的手法

揉面的手法主要有捣、揉、擞、摔、擦5种。

(1)捣

在面和成团后,将面团放在缸盆内,双手紧握拳头,在面的各处用力向下均匀捣压,力量越大越好。当面被捣压挤向缸的周围时,要将其叠拢到中间,再继续捣压,如此反复多次,直至把面坯捣透上劲为止。

(2)揉

用双手掌根压住面坯,用力伸缩向外推动,把面坯摊开、叠起,再摊开、再叠起,如此反复,直至揉透。

(3)擞

双手握拳,交叉在面坯上擞压,边擞、边压、边推,把面坯向外擞开,然后卷拢再擞。擞比揉的劲大,能使面坯更均匀、柔顺、光润。

(4)摔

摔分为两种手法。一种是筋道面坯的摔法:手拿面坯,举起来,手不离面,摔在案台上,摔匀为止,水油面的调制就是采用此法。另一种是稀软面坯的摔法:用手拿起面坯,脱手摔在盆内,摔下,拿起,再摔,直至将面坯摔均匀,春卷面的调制就是

运用此法。

(5) 擦

此手法主要用于油酥面坯和部分米粉面主坯的制作。方法是在案台上把油与面和好后,用手掌根把面坯一层层向前推擦,使油和面相互粘连,形成均匀的面坯。

3. 揉面的要领

(1) 揉面时要用"巧劲",既要用力,又要揉"活",必须手腕着力,而且力度要适当。

(2) 揉面时要按照一定的次序,顺着一个方向揉,不能随意改变,否则不易使面坯达到光洁的效果。

(3) 揉发酵面时,不要用"死劲"反复不停地揉,这样会把面揉"死",达不到膨松的效果。

(4) 揉匀面坯后,不要马上制作成品,一般要醒 10 min 左右。

三、搓条

搓条就是将揉好的面坯搓成条状的一种工艺手法,它是下剂前的准备步骤。操作时,将醒好的面坯先切成长条状,然后用双手掌根将面推搓成粗细均匀的圆形长条。

1. 搓条的基本要求

条圆,光洁,粗细一致。

2. 搓条的要领

两手着力均匀、平衡;要用掌根推搓,不能用掌心,否则不易搓匀。

四、下剂

下剂又称掐剂子,就是将搓条后的面坯,分成大小一致的坯子。下剂直接关系到点心成型后的规格大小,也是成本核算的关键。根据各种面坯的性质,常用的下剂方法有揪剂、挖挤、拉剂、切剂、剁剂等。

1. 下剂的基本要求

大小均匀,重量一致,剂口利落,不带毛茬。

2. 下剂的手法

(1) 揪剂

揪剂又称摘坯或摘剂。方法是将搓好的剂条,用左手捏住,露出相当于坯子大小的长度，然后用右手大拇指与食指轻轻捏住面剂，用力顺势揪下。

揪剂的要领：左手不能用力太大，揪下一只剂子后，左手将面条转90°，然后再揪。

（2）挖剂

挖剂又称铲剂，多用于较粗的剂条。方法是搓条后将剂条放在案台上，左手虎口按住剂条，右手四指弯曲成铲形，手心朝上从剂条下面伸入，左手向下右手四指向上挖下剂子。

挖剂的要领：右手在挖剂时用力要猛，要使其截面整齐、利落。

（3）拉剂

拉剂多用于较为稀软的面坯。由于面坯较软，不宜将剂条拿在手中下剂，因而采用此法。方法是左手按住剂条，右手五指抓住剂子，用力拉下。

（4）切剂

切剂是将剂条用刀切成均匀的剂子。方法是将剂条放在案台上，用刀切成大小一致的面剂，制作圆酥时宜用切剂。

切剂的要领：下刀准确，刀刃锋利，切剂后剂子截面成圆形。

（5）剁剂

剁剂就是将搓好的剂条放在案台上，根据品种要求的大小，用刀均匀地将剂子剁下，制作花卷、馒头等时宜用剁剂。

五、制皮

制皮就是将剂子制成薄片的过程。面点工艺中有很多品种都需要制皮，制皮技术性较强，操作方法也较为复杂。制皮质量的好坏直接影响着包捏工序的进行和点心的最后成型。由于各类面点品种的要求不同，制皮方法也有所不同。常用的方法有按皮、拍皮、擀皮、捏皮、摊皮和压皮等。

1. 按皮

按皮是一种较为简单的制皮方法。操作方法是将下好的面剂截面向上，用掌根将其按扁成中间稍厚，四周稍薄的圆皮。

按皮的要领：必须用掌根按。

2. 拍皮

将下好的面剂截面向上，用手先掀压一下，然后用手掌沿着剂子周围用力拍，边拍边顺时针方向转动，将剂子拍成中间厚、四周薄的圆形皮子。

3. 擀皮

擀皮是应用最广的制皮方法,它技术性强,要求较高。擀皮的方法有许多种,根据使用工具及点心要求的不同,擀皮的方法也不同。常用的擀皮工具有单手杖、双手杖、走槌等,它们分别用于水饺皮、蒸饺皮、烧卖皮、馄饨皮以及油皮酥等的制作。

4. 捏皮

捏皮适用于无筋力的面坯制皮,如米粉面坯、薯蓉面坯的制皮。操作方法是将剂子用手揉匀搓圆,再用双手手指捏成碗状,俗称"捏窝"。

捏皮的要领:要用手将面坯反复捏匀,使其不致裂开无法包馅。

5. 摊皮

摊皮是一种较为特殊的制皮方法,主要用于稀软面坯。操作方法是将锅置于中小火上,锅内抹少许油,右手拿起面坯,不停抖动(因面坯很软,放在手上不动就会流下),顺势向锅内一摊,使面坯在锅内粘上一层,即成圆形皮子。随即拿起锅,继续抖动面坯,待面皮边缘略有翘起,即可揭下成熟的皮子。

摊皮的要求:皮子形圆,厚薄均匀,无砂眼,大小一致。

摊皮的要领:要掌握好火候的大小,动作要连贯,所用锅一定要洁净,并适量抹油。

6. 压皮

压皮也是一种特殊的制皮方法,主要用于澄面点心的制皮。操作方法是将剂子用手均匀地揉成圆球状,置于案台上(要求案台光滑平整无裂缝),案上抹少许油,右手持刀,将刀平放在剂子上,左手按住刀面,向前旋压,将剂子压成圆皮。

压皮的要领:要用手将面坯反复揉匀,使其不致裂开无法包馅。

六、制馅

制馅是将食品原料制碎、调味的工艺过程。它是多数面食制品的重要组成部分,行业里习惯将制馅的成品称为馅心。馅心在面点制作工艺中具有体现面点口味、影响面点形态、形成面点特色和使面点花色品种多样化的作用。

中式面点的馅心品种繁多,类别复杂,按其口味和成熟与否,一般将其分为生咸馅、熟咸馅、生甜馅和熟甜馅四种。

馅心的调制方法将在以后章节专门阐述。

七、上馅

上馅也叫包馅、塌馅、打馅等,即在坯皮中间放上调好的馅心的过程。它是制作有馅品种的一道重要工序,上馅的好坏会直接影响成品的包捏和成型。根据品种不同,常用的上馅方法有包馅法、拢馅法、夹馅法、卷馅法、滚粘法等。

1. 包馅法

包馅法是最常用的一种方法,用于包子、饺子、合子(一种夹馅的面饼)、汤圆等绝大多数点心品种。根据品种特点,又可分为无缝、捏边、提褶、卷边等。上馅的多少、部位、手法随所用方法不同而变化。

(1)无缝类

此类品种如豆沙包、水晶馒头等,一般要将馅上在中间,包成圆形或椭圆形,不宜将馅上偏。

(2)捏边类

此类品种如水饺、蒸饺等,馅心较大,上馅要稍偏一些,这样将皮折叠上去,才能使皮子边缘合拢捏紧,馅心正好在中间。

(3)提褶类

此类品种如小笼包、包子等,因提褶面呈圆形,所以馅心要放在皮子正中心。

(4)卷边类

此类品种如酥合子、鸳鸯酥等,它是将包馅后的皮子依边缘卷捏成型的一种方法,一般用两张面皮,中间上馅,上下覆盖,依边缘卷捏。

2. 拢馅法

拢馅法就是将馅放在皮子中间,然后将皮轻轻拢起,不封口,露一部分馅,如烧卖等。

3. 夹馅法

夹馅法即一层料一层馅,上馅要均匀而平,可以夹上多层馅。对稀糊面制品,要蒸熟一层料再上馅,然后再铺另一层料,如三色蛋糕等。

4. 卷馅法

卷馅法就是先将面剂擀成片,然后将馅抹在面皮上(一般是细碎丁馅或软馅),再卷成筒形,熟后切块,露出馅心,如蛋糕等。

5. 滚粘法

滚粘法较为特殊,是将馅料切成块,蘸上水,放入干粉中,用簸箕摇晃,使干粉

均匀地粘在馅上，如摇制元宵。

八、成型

成型是运用调制好的各类面坯，配上各式馅心（或不用馅心）制成形状多样的成品生坯的过程，它对成品的形态、质量有直接的影响，通过成型工艺，可将点心制成各种几何形状和像生形态。

九、熟制

将已成型的面点生坯（半成品），运用各种加热方法，使其成为色、香、味、形俱佳的熟制品，这个由生变熟的过程称熟制。

十、装盘

这是中式面点的最后一道工序，这道工序不仅要把好卫生关，而且还要掌握装盘的最基本方法。

1. 随意式

随意式是最简单的装盘形式。这种形式只需要选择适当的餐具与点心组合。装盘时，要注意留有适当的空间，既不显空疏，又不能壅塞，一般以视觉舒适为宜。适合于成品体积较小的品种，如茶点中的小麻花、花生粘等。

2. 整齐式

整齐式在随意式的基础上又进了一步，要求点心成品的形状统一，排列整齐、匀称、有规律，或围或叠，或圆或方。

3. 图案式

图案式是在运用上述两种方法之外，根据成品的特点进行图案装饰，用各类成品进行组合，或对称、或均衡、或呈几何形，或是装饰绘画。如两种点心的"双拼"以及有起伏线、对角线、螺旋线、"S"形构图以及各种形式综合运用的构图。

4. 点缀装饰式

点缀装饰式是在上述三种方法的运用之外，加上点缀装饰，画龙点睛。如在白色"荷花酥"的表面点缀粉红色的白糖，在白色烧卖的表面点缀红色的火腿末或黄色的蛋丝。但不能用与点心无任何联系的饰物来点缀，否则会产生画蛇添足的效果。

5. 象形式

象形式要求最高，难度也最大。它必须紧扣宴席主题，精心构思，设计出具有高雅意境的画面。设计此类装盘，除应具备上述四种设计技能外，还需要具备较强的绘画技巧和主题构思能力，需要在实践中不断学习才能掌握。

第二章

设备与工具

第一节　常用设备

一、加热设备

1. 蒸汽加热设备

蒸汽加热设备是广泛使用的加热设备之一。一般分为蒸箱和蒸汽压力锅两种。

（1）蒸箱

蒸箱是利用蒸汽传导热能将食品直接蒸熟的一种设备。它与传统煤火蒸笼加热方法比较，具有操作方便、使用安全、劳动强度低、清洁卫生、热效率高等优点。

蒸箱的使用方法是：将生坯等原料摆屉后推入箱内，将门关闭，拧紧安全阀后，打开蒸汽阀，根据熟制原料及成品质量的要求，通过蒸汽阀门调节蒸汽的大小。制品成熟后，先关闭蒸汽阀门，待箱内外压力一致时，打开箱门取出屉。蒸箱使用完毕后，要将箱内外清洗打扫干净。

（2）蒸汽压力锅

蒸汽压力锅又称蒸汽夹层锅，热蒸汽通过锅的夹层与锅内的水交换热能，使水沸腾，从而达到加热食品的目的。它克服了明火加热易改变食品色泽和风味，甚至发生焦化的缺点。在面点工艺中，可用来做糖浆、浓缩果酱及炒制豆沙馅、莲蓉馅和枣泥馅。

蒸汽压力锅的使用方法是：先在锅内倒入适量的水，将蒸汽阀门打开，待水沸腾后下入原料或生坯加热。压力锅使用完毕，应先将蒸汽阀门关闭，按动电钮，再将锅体倾斜，取出制品，倒出锅内的水和残渣，将锅洗净，复位。

2. 燃烧蒸煮灶

燃烧蒸煮灶即传统明火蒸煮灶，它是利用煤或煤气等能源燃烧产生热量，将锅内水烧开，利用水和蒸汽的对流传热作用使制品成熟的一种设备。它的特点是适合于少量制品加热。平时要定期清洗灶眼，注意灶台卫生。

3. 电加热设备

（1）电热烤箱

电热烤箱主要用于烘烤各类中西糕点，常见的有单门式、双门式、多层式几种，主要通过定温、控温、定时等按键来控制，温度一般最高能达到300 ℃。先进的烤炉一般可以控制上下火温度，使制品达到应有的质量标准。电热烤箱使用简便卫生，可同时放置4~10（或更多）个烤盘。

电热烤箱的使用方法是：先打开电源开关，根据制作加工的品种将电热烤箱调至所需要的温度，当电热烤箱达到规定的温度时，再将摆放好生坯的烤盘放入炉内，关闭炉门，将定时器调整到所需烘烤的时间，等制品成熟后取出，关闭电源。

（2）微波炉

微波炉外观与一般电烤箱相似，但加热原理与电烤箱完全不同。微波炉是利用微波对物体的穿透作用对物料进行加热。微波对物料的加热可以在物料内、外同时进行，不像常规热源加热依靠热传导、辐射、对流方式由表及里传递加热。因此，微波加热具有瞬时升温的特点。

1）微波炉的使用方法

①接通电源、选择功能键。根据加热原料的性质、大小及加热目的（成熟、烧烤、解冻等）、加热时间，将各功能键调至所需位置。

②打开炉门，将盛放有食物的容器放入炉内，关好炉门，按启动键。

③加热完成后，打开炉门，取出食物，切断电源，用软布将炉内外擦拭干净。

2）微波烹调的特点

①省时、节能。电磁波使食物内外同时加热，因而热能耗损小，节省时间。

②安全、卫生。烹调食物时无明火、无烟、无脏物，无中毒危险，烹调环境安全、卫生、干净。

③解冻迅速。冷冻食品只需较短时间即可解冻，既保持了食物原有的鲜度和营养，还防止了食物在自然解冻中产生的劣变。

④便于造型。因加热时间短,避免了某些化学反应的发生,从而保持了原料的色、香、味,同时加热时不必翻搅,不会使食物变形,保持了食物的原有造型。

⑤保留营养。由于加热时间短、用水少,食物中一些水溶性的、易氧化的和易被热破坏的维生素保存率很高。

但是,微波烹饪也有一定的局限性,如:食物表面的褐变较差,不易产生焦脆的表皮,因而缺乏烘烤制品外焦里嫩的口感。另外,使用微波烹调,由于不能打开炉门操作,不易对食物进行煎、炸、炒等传统的中式烹调操作,因而,用微波炉加工传统中餐较为困难。

(3)电磁炉

电磁炉是采用磁场感应涡流加热原理进行工作的。它利用电流通过线圈产生磁场。当磁场内的磁力线通过铁质锅的底部时,会产生无数小涡流,使锅本身自行高速发热,加热锅内食物。电磁炉的热效率极高,蒸煮食物时安全洁净,无烟、无火,不怕风吹、不会爆炸、不会引起气体中毒。所以人不会有被电磁炉烧伤的危险,对于使用者来说,安全性很高。

1)电磁炉使用注意事项。

①接通电源之前,应确认电磁炉处于关闭状态。不使用电磁炉时,应切断电源。

②电磁炉应与气体炉分开放置。

③电磁炉不能靠近水源使用。

④电磁炉应远离有大量热气、蒸汽、湿气的地方。

⑤电磁炉在使用时,距离墙壁至少10 cm,以免阻挡吸气口或排气口。

2)电磁炉适用的烹调器皿。材质为铁或不锈钢的平底器皿。

3)电磁炉不适宜的器皿。非铁质金属材质的器皿,如陶瓷、玻璃以及铝、铜为底的器皿。此外,底部形状凹凸不平的器皿也不适宜电磁炉使用。

4)电磁炉的保洁方法。

①清洁电磁炉前应先拔下插销,切断电源。

②一般的污垢用干净的湿布擦拭即可;难以用水清洗的污垢可用去污粉擦拭后,再用湿布擦干净。严禁使用有机洗涤剂或苯等化学药品擦拭,以免发生化学变化。

③严禁直接用水冲洗或浸入水中刷洗。

二、机械设备

1. 和面机

和面机又称拌粉机,主要用于拌和各种粉料。和面机利用机械运动将粉料和水或其他配料和成面坯。和面机有铁斗式、滚筒式、缸盆式等。它的工作效率比手工操作高 5~10 倍。和面机主要用于大量面坯的调制,是面点工艺中最常见的机械设备。

使用方法是:先将粉料和其他辅料倒入面桶内,打开电源开关,启动搅拌器,在搅拌器搅拌粉料的同时加入适量的水,待面坯调制均匀后,关闭开关,将面坯取出。

2. 绞肉机

绞肉机又称绞馅机,主要用于绞制肉馅。绞肉机有手动、电动两种。绞肉机工作效率较高,适用于大量肉馅的绞制。

使用方法是:启动开关,用专用的木棒或塑料棒将肉送入机筒内,随绞随放,可根据品种要求调换刀具,肉馅绞完后要先关闭电源,再将零件取下清洗。

3. 打蛋机

打蛋机又称搅拌机,主要用于搅蛋液。打蛋机是利用搅拌器的机械运动将蛋液打起泡,兼用于和面、搅拌馅料等,用途较为广泛。

使用方法是:将蛋液倒入蛋桶内,加入其他辅料,将蛋桶固定在打蛋机上,启动开关,搅匀后,取下蛋桶,将蛋液倒入其他容器内。使用后要将蛋桶、搅拌器等部件清洗干净,存放于固定处。

4. 饺子机

饺子机是用机械滚压成型方式包制饺子的一种设备,可包多种馅料的饺子,它工作效率高,但成品质量不如手工水饺。

使用方法是:将调好的面坯和馅心倒入机筒内,根据要求调节饺子的大小、皮的厚薄及馅量的多少,启动开关。使用完毕后,将内外清洗干净。

5. 馒头机

馒头机又称面坯分割器,有半自动和全自动两种。

使用方法是:将面坯放入加料斗,落入螺旋输送器,由螺旋输送器将面坯向前推进,直至出料口。出料口装有一个钢丝切割器,能把面坯切下落在传送带上。使用完毕后,要将机器各部件清洗干净。

三、其他设备

1. 案台

案台是面点制作工艺中必备的设备,它的使用和保养直接关系到面点制作能否顺利进行。案台一般分木案、大理石案和不锈钢案 3 种。

（1）木案

木质案台的台面大多用厚 6~7 cm 的木板制成,底架一般有铁制的和木制的。台面的材料以枣木的最好,其次为柳木的。案台要求结实、牢固、平稳,表面平整、光滑、无缝。

在面点制作过程中,绝大部分面点操作是在木质案台上进行的,在使用时要注意,尽量避免案面与坚硬工具碰撞,切忌将案台当砧板使用,在案台上用刀切、剁原料。

（2）大理石案

大理石案台的台面一般是用厚度 4 cm 左右的大理石制成的。由于大理石台面较重,因此其底架要求结实、稳固、承重能力强。

大理石案台多用于制作较为特殊的面点品种（如面坯易迅速变软的品种）,它比木质案台平整、光滑、凉爽。一些油性较大的面坯、需要迅速降温的面坯适合在此类案台上进行操作。

（3）不锈钢案

不锈钢案台一般是用不锈钢材料制成的整体案台。表面不锈钢板材的厚度一般为 0.8~1.2 mm。台面要求平整、光滑,没有凸凹。

2. 储物设备

（1）储物柜

储物柜多用不锈钢材料制成（也有木质材料制成的）,主要用于盛放大米、面粉等粮食。

（2）盆

一般有木盆、瓦盆、铝盆、铜盆、搪瓷盆、不锈钢盆等。其直径从 30 cm 到 80 cm 不等,主要用于和面、发面、调馅、盛物等。

（3）桶

一般有铝桶、搪瓷桶和不锈钢桶。其直径有 35 cm、45 cm、55 cm 等几种规格。主要用于盛放粮食、白糖、猪油等原料。

第二节 常用工具

一、面杖

1. 面杖的种类

面杖又称擀面杖,是面点制作工艺中最常用的手工操作工具,其要求是结实耐用、表面光滑,以檀木或枣木的最好。面杖根据其用途、尺寸、形式,可分为以下几种。

（1）普通面杖

普通面杖根据尺寸可分为大、中、小 3 种,大的长 80~100 cm,主要用于擀制面条、馄饨皮等;中的长约 55 cm,适用于擀制大饼、花卷等;小的长约 33 cm,多用于擀制饺子皮、包子皮、小包酥皮等。

（2）走槌

走槌又称通心槌。此面杖的构造是在粗大的面杖轴心有一个两头相通的孔,中间可插入一根比孔的直径略小的细棍作为柄。大走槌用于擀制面积较大的面皮,如花卷面皮、大包酥面皮等;小走槌主要用于擀制烧卖皮。

使用时,要双手持柄,动作协调,大走槌擀出的面皮要平整均匀,小走槌擀出的面皮呈荷叶边状,褶皱均匀。

（3）单手杖

单手杖又称小面杖。两头粗细一致,用于擀制饺子皮、小包酥皮等,使用时双手用力要均匀,动作要协调。

（4）双手杖

双手杖较单手杖细,擀皮时两根合用,双手同时使用,动作要协调。主要用于擀制水饺皮、蒸饺皮等。

（5）橄榄杖

橄榄杖又称枣核杖。形状是中间粗、两头细,形似橄榄或枣核,长度比双手杖短,主要用于擀制水饺皮或烧卖皮等。使用时,双手持杖,用力要均匀,保持面杖相对平衡。

2. 面杖的保养

以上几种面杖是面点制作中常用的工具,平时要注意保养。在使用后应做到,将面杖擦净,不应有面污粘在面杖表面;放在固定处,保持环境干燥,避免面杖变形、表面发霉。

二、案上清洁工具

1. 案上清洁工具的种类

（1）面刮板

面刮板又称刮刀。它是用铜片、铝片、铁片或塑料片制成的。薄片上有手柄,主要用于清理工作台上面的面粉粒、水渍、油污等。

（2）粉帚

粉帚主要用于案台上粉料的清扫。

（3）小簸箕

小簸箕以铝、铁皮等制成,扫粉时盛粉用。有时也用于从缸中取粉料。

2. 案上清洁工具的保养

面刮板用后要刷洗干净,放在干燥处,防止生锈。粉帚、小簸箕用后要将面粉抖净,存放在固定处。

三、成型工具

1. 成型工具的种类

（1）模子

模子用木头或铜、铁、铝等材料制成。因用途不同,模子的规格大小也不等,形状各异,模内大多刻有图案或字样,如月饼模子、蛋糕模子等。

（2）印子

印子是刻有图案或文字的木戳,用来印制点心表面的花纹图案。

（3）戳子

戳子用铁、铝、铜、不锈钢等材料制成,有多种形状,如桃形,各种花、鸟、虫等形状。

（4）花镊子

花镊子一般用铁、铜、不锈钢等材料制成,一头是扁嘴带齿纹的镊子,另一头是波浪形的滚刀，主要用于特殊形状面点的成型、切割等工艺。

（5）小剪刀

小剪刀一般在制作花色品种时修剪造型使用。

（6）其他工具

面点师使用的其他工具多种多样，其中一部分可自己准备，如木梳、塑料签、木签、刻刀等。

2. 成型工具的保养

（1）所有成型工具均应存放于固定处，用专用工具箱（盒）保存。

（2）所有工具用后应用干布擦拭干净，防止生锈，以便下次使用。

四、粉筛

1. 粉筛的种类

粉筛又称罗，根据制作材料不同可分为绢制、棕制、马尾制、铜丝制、铁丝制等几种。根据用途不同，筛眼的大小有多种规格，主要用于筛面粉、米粉以及擦豆沙、过滤果蔬汁、泥等，绝大部分精细面点在调制面团前都应将粉料过罗，以确保成品质量。

使用时，将粉料放入粉筛内（不宜一次放入过满），双手左右摇晃，使粉料从筛眼中通过。

2. 粉筛的保养

粉筛使用完毕后，要清洗干净，晾干存放在固定处，不要与锋利的工具放置在一起。

五、衡器

1. 衡器的种类

（1）台秤

主要用于称量原料的质量，以使投料量准确。

（2）天平

主要用于称量用量较少的原料和各种添加剂的质量，要求称量十分精确。

2. 衡器的保养

（1）衡器用后必须将秤盘、秤体仔细擦拭干净，放在固定、平稳处。

（2）经常校对衡器，保证其精确度。

六、其他工具

1. 炉灶上使用的工具

（1）漏勺

漏勺是由带有很多均匀孔的漏网和铁制柄组成的勺。根据用途不同有大、小两种，主要用于淋沥食物中的油和水分。

（2）网罩、笊篱

网罩有不锈钢网罩和铁丝网罩，是用不锈钢或铁丝编成的凹形罩，在边上再加一围圈箅，用于油炸食物的沥油。笊篱也有不锈钢和铁丝两种，并带有长柄，主要用于油炸食物的沥油、捞饭等。

（3）铁筷子

铁筷子由两根细长铁棍制成，油炸食物时，用来翻动半成品和夹取成品。

（4）铲子

铲子用铁片制成，带有柄，用以翻动煎、烙制品等。

2. 制馅、调料工具

（1）刀

刀有方刀、大片刀两种。方刀主要用于切面条；大片刀主要用于剁菜馅等。

（2）蛋甩帚

蛋甩帚俗称"蛋抽子"，有竹制和钢丝制两种，主要用于搅打蛋糊，也可用于调馅等。

3. 着色、抹油工具

（1）色刷

色刷主要用于半成品或成品的着色（弹色）。

（2）毛笔

毛笔主要用于面点制品的着色（抹色）。

（3）排笔

排笔主要用于面点制品的抹油。

七、工具的管理

1. 编号登记，专人保管

面点厨房使用的工具种类繁多，为便于使用，应将工具放在固定的位置上，且进行编号登记，必要时要由专人负责保管。

2. 刷洗干净，分类存放

笼屉、烤盘、各种模具以及铁、铜器工具，用后必须刷洗、擦拭干净，放在通风干燥的地方，以免生锈。另外，各种工具应分门别类地存放，既方便取用，又避免损坏。

3. 定期消毒

案台、面杖及各种容器，用后要清洗干净，且每隔一定时间彻底消毒一次。

4. 严格遵守设备专用制度

面点厨房的设备、工具要严格遵守专用制度，如屉布忌作抹布，各种盆、桶应专用。

第三章 面点原料知识（一）

第一节 稻谷与稻米

稻属禾本科植物，原产于印度及中国南部，现世界各地广有栽培。它是我国的主要粮食作物之一，主要产区集中在四川、湖南、广东、海南、江苏、湖北等省。其种子称稻谷。

一、稻谷的结构

稻谷由稻壳、稻粒两部分组成。稻壳的主要成分是纤维素，不能被人体消化，加工时要去掉。去掉稻壳后的稻米是糙米，糙米由皮层、糊粉层、胚和胚乳四部分组成。

1. 皮层

皮层是糙米的最外层，主要由纤维素、半纤维素和果胶构成。它影响大米的口味且不易被人体消化，要经过碾轧除掉。

2. 糊粉层

糊粉层位于皮层之下，是胚乳的最外层组织。糊粉层虽然不厚，但集中了大米的许多主要营养成分，如蛋白质、脂肪、维生素和矿物质等。

3. 胚

胚位于米粒腹白的下部，含有较多的营养成分，还含有一些酶类。胚的活性较强，如保存不当，大米往往会先从胚部开始霉变。

4. 胚乳

糙米除去皮层、糊粉层、胚以外，其余部分为胚乳，其质量约占糙米总质量的 91.6%，营养成分主要是淀粉。

二、稻米的种类和特点

稻米按米粒内所含淀粉的性质分为籼米、粳米和糯米。

1. 籼米

籼米又称机米。我国大米以籼米产量最高，四川、湖南、广东等地产的大米都是籼米。籼米米粒细而长，颜色灰白，半透明者居多。其特点是硬度中等，黏性小而胀性大，口感粗糙而干燥。

2. 粳米

粳米主要产于东北、华北、江苏等地。北京的"京西稻"、天津的"小站稻"都是优良的粳米品种。粳米米粒形短，圆而丰满，色泽蜡白，半透明。其特点是硬度高，黏性大于籼米而胀性小于籼米。

粳米又分为上白粳、中白粳等品种。上白粳色白，黏性较大；中白粳色稍暗，黏性较差。

3. 糯米

糯米又称江米。主要产于江苏南部、浙江等地。特殊品种有江苏常熟地区的"熟血糯"和陕西洋县的"黑米"。其特点是硬度低、黏性大、胀性小，色泽乳白不透明，但成熟后有透明感。

糯米又分为粳糯和籼糯两种。粳糯米粒阔扁，呈圆形，黏性较大，品质较佳；籼糯米粒细长，黏性较差，米质硬，不易煮烂。

三、中国优质稻米

1. 小站稻

小站稻原产于天津市津南区小站一带，现已发展到天津市郊区县和北京、河北省等广大地区。小站稻主要用于碾米做饭，营养十分丰富，富含葡萄糖、淀粉、脂肪等多种成分，是大米中的佳品。小站稻米粒饱满，皮薄，油性大，米质好，出米率高。其米粒呈椭圆形，晶莹透明，洁白如玉。用其做饭，香软适口；用其煮粥，清而不浊，解饥、解渴。

2. 马坝油占米

马坝油占米产于广东韶关市曲江区马坝，因形状细长如猫牙齿，故又名"猫牙占"。其优良特性是色、形、味俱佳。色，指它的谷粒色泽呈鲜明的金黄色，加工成大米后，光滑晶莹，表面油光发亮，无腹白；形，指它的谷粒体形细而长，加工成大米后，两头尖细，玲珑剔透，十分好看；味，指用它煮成的饭，软滑凝香，味美可口。马坝油占米生长期只需75天，它是水稻家族里一个著名的优良品种。

3. 桃花米

桃花米产于四川达州市宣汉县桃花乡。桃花米属带粳性的籼型稻米，品质精良，色泽白中显青，晶莹发亮。米粒形状细长，腹白小。煮出的饭黏性适度，胀性强，油性适中，米不断腰，具有绢丝光泽，香气四溢，入口滋润芳香，富有糯性。

4. 香粳米

香粳米产于我国长江以北一带，是水稻中的名贵品种。具有色泽亮丽、腹白小、米质糯、适口性好、香味浓等优良特性。用这种米煮成的饭，清香扑鼻；煮粥芳香四溢。香粳米含有丰富的蛋白质、铁、钙。它与桂圆、黑枣等同煮成粥，可作为隆冬腊月的进补食品。

5. 玉林优质谷

玉林优质谷是广西玉林地区生产的优良稻谷的简称。玉林优质谷磨出的大米，米形细长，色泽如玉，米的三白（腹白、背白、心白）在10%以下或者几乎不见。玉林优质谷煮出的饭，糯性强，油分大，松软喷香。

6. 接骨米

接骨米是云南稀有的一种糯米，又称接骨糯。这种米脱壳后无完整的颗粒，一般断成两节，多者断成三节，但因黏性强，经过蒸煮，已经断裂的米粒也能粘连成整粒。

7. 凤台仙大米

凤台仙大米产于河南省郑州市金水区凤凰台。它像碎玉，似玛瑙，堪称中州特产。凤台仙大米有五大特点：米粒大，蒸成干饭洁白玲珑；米质坚硬，熬成饭米粒不坏，伏天吃剩下的饭，隔夜不坏，鲜味如初；味道馨香醇厚，吃后留有余香；出饭率高，油性大，营养丰富。

8. 万年贡米

万年贡米是江西省上饶市万年县传统名贵特产，因其古时曾作为纳贡之米而得名。万年贡米的特点是粒大体长（有"三粒寸"之称），形状如梭，色白如玉，质软不腻，味道浓香，营养丰富。可煮饭、做粥，还可酿酒。

第二节　小麦与面粉

小麦属禾本科植物，是世界上分布最广泛的粮食作物。小麦在我国有五千多年的种植历史，主要产区分布于长江以北至长城以南的河北、山东、河南、安徽等省。

一、小麦的分类

小麦按皮色可分为红麦和白麦，还有介于其间的黄麦、棕麦。白麦大多为软麦，粉色较白，出粉率较高，但多数情况下筋力较红麦差一些。红麦大多为硬麦，粉色较深，麦粒结构紧密，出粉率较低，但筋力较强。

小麦按胚乳质地可分为角质小麦和粉质小麦。一般识别方法是将小麦从横断面切开，其断面呈粉状就称作粉质小麦，呈半透明状就称作角质小麦或玻璃质小麦，介于两者之间的称作中间质小麦。角质小麦又称硬质小麦或硬麦，其胚乳中的蛋白质含量较高，蛋白质充塞于淀粉分子之间，淀粉之间的空隙小，蛋白质与淀粉紧密结成一体，因而粒质呈半透明玻璃质状态，硬度大。通常小麦蛋白质含量越高，粒质越紧密，麦粒硬度越高。硬质小麦磨制的面粉一般呈砂粒性，大部分是完整的胚乳细胞，面筋质量好，面粉呈乳黄色，适宜制作面包、馒头、饺子等食品，不宜制作蛋糕、饼干。粉质小麦又称软质小麦或软麦，其胚乳中蛋白质含量较低，淀粉粒之间的空隙较大，粒质呈粉质状态，硬度低，粒质软。软质小麦磨制的面粉颗粒细小，破损淀粉少，蛋白质含量低，适宜制作蛋糕、酥点、饼干等。

小麦按播种季节可分为冬小麦和春小麦。根据气候条件，我国小麦产区划分为三大自然区，即北方冬麦区（河南、山东、河北、陕西），南方冬麦区（江苏、安徽、四川、湖北）和春麦区（黑龙江、新疆、甘肃）。一般北方冬小麦质量最好，其次是春小麦，南方冬小麦质量相对较差。

二、麦粒的结构

麦粒由皮层、糊粉层、胚乳和胚芽四部分组成（见图3-1）。

1. 皮层

皮层也称麸皮，约占小麦粒干重的8%~10%。由纤维素、半纤维素和果胶物质组成，其中含一定量的维生素和矿物质。因皮层不易被人体消化，且影响面粉口味，磨粉时要除去皮层。

2. 糊粉层

糊粉层约占小麦粒干重的3.25%~9.48%。糊粉层中除了含有大量的蛋白质外，还含有纤维素、维生素和脂肪，营养价值较高。加工高级粉时，由于损失了大部分糊粉层，常有一些营养缺失。

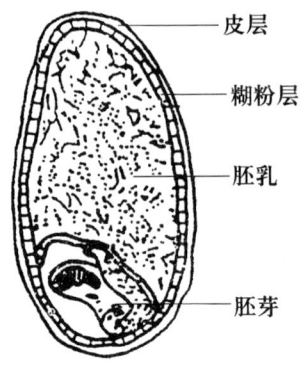

图3-1 麦粒的结构

3. 胚乳

胚乳是麦粒的主要成分，约占小麦干重的78%~83.5%。营养成分主要是淀粉，也含有一定数量的蛋白质、脂肪、维生素和矿物质。

4. 胚芽

胚芽位于麦粒背面基部，约占小麦干重的2.22%~4%。胚芽中含有较多的蛋白质、脂肪、矿物质和维生素，也含有一些酶。

三、面粉的分类

面粉的分类方法很多，常用的有按面粉加工精度分、按面粉筋度分、按面粉用途分三种分类方法。

1. 按面粉加工精度分

我国现行的面粉等级标准主要是按加工精度来分类的。小麦粉国家标准中将面粉分为四等：特制一等粉、特制二等粉、标准粉、普通粉。

特制粉又称富强粉，主要由小麦的中心部分胚乳制成，加工精度高，出粉率低，色泽白，手感细腻、爽滑，面筋含量多；标准粉由小麦胚乳、糊粉层等部位制成，出粉率较高，粉色微黄，粉粒较粗，面筋含量较多；普通粉由胚乳、糊粉层、部分皮层制成，粉色深、组织粗、面筋含量少。

2. 按面粉筋度分

面粉按面粉筋度分类可分为高筋面粉、中筋面粉和低筋面粉。

高筋面粉又称高筋粉，蛋白质含量在12%以上，吸水率62%~64%，适合制作面包。低筋面粉又称低筋粉，蛋白质含量低于10%，适合于制作蛋糕、酥点、饼干等。中筋面粉又称中筋粉，是介于高筋粉和低筋粉之间的一种具有中等筋力的面粉。中筋粉在中式面点制作上的应用很广，如包子、馒头、面条、饺子等，大部分中式面点都是以中筋粉来制作的。

3. 按面粉用途分

面粉按照用途可分为通用面粉、营养强化面粉和专用粉。专用粉的基础是专用小麦，如硬红春麦是最好的面包粉小麦，软红冬麦是最好的饼干粉、蛋糕粉小麦。专用粉的品质要求是均衡、稳定，要求面粉吸水量、筋力一致，不能忽高忽低。

第三节 杂 粮

一、玉米

玉米又称苞谷、棒子。在我国栽培面积较广，主要产于四川、河北、吉林、黑龙江、山东等省，是我国主要的杂粮之一，为高产作物。

玉米的种类较多，按其籽粒的特征和胚乳的性质，可分为硬粒型、马齿型、粉型、甜型；按颜色可分为黄色玉米、白色玉米和杂色玉米三种。东北地区多种植质量最好的硬粒型玉米，华北地区多种植适于磨粉的马齿型玉米。

玉米的胚特别大，约占籽粒总体积的30%，它既可磨粉，又可制米，没有等级之分，只有粗细之别。粉可做粥、窝头、发糕、菜团等；米（玉米渣）可煮粥、焖饭。

二、高粱

高粱又称蜀黍，主要产区是东北的吉林省和辽宁省，此外山东、河北、河南等省也有栽培，是我国主要的杂粮之一。

高粱米粒呈卵圆形，微扁。按品质可分为有黏性（糯高粱）和无黏性两种；按粒色可分为红色和白色两种，红色高粱呈褐红色，白色高粱呈粉红色，它们均坚实耐煮；按用途可分为粮用、糖用两种，粮用高粱米可供做饭、煮粥，还可磨成粉做糕团、饼等食品。

高粱的皮层中含有一种特殊的成分——丹宁，丹宁有涩味，食用时妨碍人体对食物的消化和吸收。高粱米加工精度高时，可以消除丹宁的不良影响，提高蛋白质的消

化吸收率。

三、小米

谷子去皮后为小米，又称黄米、粟米，在我国主要分布于黄河流域及其以北地区。小米一般分为糯性小米和粳性小米两类，通常红色、灰色者为糯性小米，白色、黄色、橘红色者为粳性小米。一般浅色谷粒皮薄、出米率高、米质好，深色谷粒皮厚、出米率低、米质差。小米可以熬粥、蒸饭或磨粉制饼、蒸糕，也可与其他粮食混合食用。我国小米的主要品种有以下四种。

1. 金米

金米产于山东省济宁市金乡县马坡一带，色金黄、粒小、油性大，含糖量高，质软味香。

2. 龙山米

龙山米产于山东省济南市章丘区龙山一带，品质与金米相似，淀粉和可溶性糖含量高于金米，黏度高、甜度大。

3. 桃花米

桃花米产于河北省张家口市蔚县桃花镇一带，色黄、粒大、油润、利口、出饭率高。

4. 沁州黄

沁州黄产于山西省晋东南地区沁县檀山一带，圆润、晶莹、蜡黄、松软甜香。

四、黑米

黑米属稻类米中的一种特质米。籼稻、糯稻均有黑色种。黑籼米又称黑籼，它也分籼型、粳型两类。黑米又称紫米、墨米、血糯等。黑米的营养成分比一般的稻米高，每千克约含蛋白质 11.43 g，脂肪 3.84 g，同时富含较多的人体必需氨基酸，是老幼病弱者理想的膳食补品。我国名贵的黑米品种有以下四种。

1. 广西东兰墨米

广西东兰墨米又称墨糯、药米。其特点是米粒呈紫黑色，煮饭糯软，味香而鲜，油分重。用它酿酒，酒色紫红，味美甜蜜，营养价值高，是大米中的佼佼者。

2. 云南西双版纳的紫米

云南西双版纳的紫米因米色深紫而得名，有米皮紫色胚乳白色和皮胚皆紫色两种。其特点是做饭后皆呈紫红色，滋味香甜，黏而不腻，营养价值较高，有补血、健脾等多种功效。

3. 江苏常熟的血糯

江苏常熟的血糯又称鸭血糯、红血糯。血糯，呈紫红色，性糯，味香。血糯分早血糯、晚血糯和单季血糯。前两种是籼性稻，品质较差。常熟种植的多为单季血糯。其特点是米粒扁平，较粳米稍长，米色殷红如血，黏性适中，主要用来制作酒宴上的甜点。

4. 陕西洋县的黑米

陕西洋县的黑米是世界闻名的名贵稻米品种。其特点是外皮墨黑，质地细密。煮食味道醇香，用其煮粥，黝黑晶莹，滋味香醇，为米中珍品，有"黑珍珠"的美称。

五、荞麦

荞麦，古称乌麦、花荞，籽粒呈三角形，可供食用。我国荞麦主产区分布在西北、东北、华北、西南一带的高寒地区。荞麦生长周期短，适宜在气候寒冷或土壤贫瘠的地方栽培。荞麦是我国主要的杂粮之一，用途广泛，籽粒磨粉可作面条、面片、饼子和糕点等。荞麦中所含的蛋白质与淀粉易于人体消化吸收，因而它是消化不良患者适宜的食品。荞麦的品种较多，主要有以下四种。

1. 甜荞

甜荞又称普通荞麦，品质较好。

2. 苦荞

苦荞又称苦荞麦，壳厚，籽实略苦。

3. 翅荞

翅荞又称有翅荞麦，品质较差。

4. 米荞

米荞皮易于爆裂而成荞麦米。

六、莜麦

莜麦，又称燕麦、裸燕麦，主要分布在内蒙古阴山南北，河北省的坝上、燕山地区，山西省的太行、吕梁山区，西南大小凉山高山地带，以山西、内蒙古一带食用较多。

莜麦有夏莜麦和秋莜麦两种。夏莜麦色淡白，小满播种，生长期130天左右；秋莜麦色淡黄，夏至播种，生长期160天左右。两种莜麦的籽粒都无硬壳保护，质软皮薄。

莜麦是我国主要的杂粮之一，它可以制麦片，磨粉后可制作多种主食、小吃。

七、甘薯

甘薯，又称番薯、山芋、红薯、地瓜、红苕，主要以肥硕的块根供食用，嫩茎、嫩叶也可食用。甘薯原产于南美洲，16世纪末引入中国福建、广东沿海地区，现除青藏高寒地区外，全国各地均有种植。

甘薯肉质块根有纺锤形、圆筒形、椭圆形、球形和块形等。皮色有白、淡黄、黄、黄褐、红、淡红、紫红等，肉色有白、黄、杏黄、橘红、紫红等。块根内部有大量乳汁管，"受伤"时可泌出白色汁液。

甘薯是我国主要的杂粮之一，含有大量的淀粉，质地软糯，味道香甜。它既可作为主食，也与其他粉料掺和做点心，又能做菜，适宜蒸、煮、扒、烤，也可炸、炒、煎、烹。甘薯可晒干储藏。

八、青稞

青稞，又称裸麦、米麦、元麦。主产于青海、西藏以及四川、云南的西北部高寒地区。藏族人民自古栽培青稞，并将其作为主食。

青稞磨制的粉较为粗糙，色泽灰暗，口感发黏，食用方法与小麦粉相同。青稞可以酿酒。

九、木薯

木薯，又称树薯、粉薯、南洋薯，是生长在热带和亚热带的一年生或多年生的草本灌木。原产于南美洲，如今我国广西各地均有种植。木薯分红茎和青茎两种。

木薯块根含有丰富的淀粉，它既可制成木薯饼充饥，又可加工成西米、木薯粉、粉丝、虾片等，同时它还是制饴糖、酿酒的原料。但是木薯中含有氰基苷，不可生食，必须长时间用清水浸泡并经煮熟后才可食用。由于木薯胶质较多，不易消化，患有肠胃疾病的人不宜食用。

十、薏米

薏米，学名薏苡，又叫苡仁、"药玉米"。薏米耐高湿，喜生长于背风向阳和雾期较长的地区，全年雾期在 100 天以上的地方，薏米就产量高、质量好。我国广西、湖北、湖南产量较高，其他地区也广有栽培。成熟后的薏米呈黑色，米皮坚硬、有光泽，颗粒沉重，粒型呈三角形，出米率 40% 左右。薏米的主要优质品种有以下两种。

1. 广西桂林薏米

广西桂林薏米的特点是种子纯、颗粒大。

2. 关外米仁

关外米仁产于辽宁东部山区及北部平原地区，产量虽然不高，但品质精良。其特点是颗粒饱满，色白质净，入口软润。

第四章

制馅工艺（一）

第一节　常用咸馅原料的初加工

一、选料

咸馅多以肉类食材、豆制品、蔬菜和水产品等作为原料，其中蔬菜和水产品原料季节性表现较突出，因此面点师要了解蔬菜和水产品的上市季节。咸馅所用肉类食材要选用少筋、肉质细腻的部位，蔬菜要除去烂叶、黄叶，根茎类蔬菜一般要去皮，洗涤干净后，再制馅。

二、加工成型

咸馅原料应以细碎为好，一般分为生馅心和熟馅心两类。制馅工艺中，不论是生馅心还是熟馅心，原料均要按点心成品要求，加工成不同的丁、粒、片、丝、末或蓉、泥状。有些蔬菜可直接刀工处理，有些还需经过焯水、去汤汁后才可使用。

三、刀工的基本要求

肉馅需要剁细碎。蔬菜的加工，除细碎的要求外还有大小基本一致的要求。有些蔬菜只能切不可剁，如韭菜、葱等，有些只能用刀背斩，如虾蓉馅等，否则影响口味。

四、咸馅原料初加工工艺

生咸馅是用生料拌和而成的，馅心与面坯成型后加热同时成熟。加工生咸馅时一般将肉类剁碎，加入调味品调拌而成；蔬菜生馅要求剁碎后，挤去水分，再加入调味品拌制而成。特点是口味醇厚，卤多味鲜。熟咸馅是原料经刀工处理，烹制成熟后再用作馅心。熟咸馅用料广泛，口味多变，能缩短点心成熟时间，保持皮坯风味。特点是口味浓郁，鲜香汁厚。

1. 蔬菜类

（1）择拣整理

去根蒂、去烂叶、去泥沙，如芹菜、茄子。

（2）削剔处理

去皮、去籽，如西葫芦、冬瓜、倭瓜等。

（3）合理洗涤

有些蔬菜需要经过焯水、过凉后才可切碎使用，如油菜、菠菜等；有些蔬菜需要擦丝后才可焯水，如象牙白萝卜、心里美萝卜、胡萝卜等；还有些蔬菜剁制后，必须挤去水分，如大白菜、各种瓜类等。

2. 食用菌类

食用菌类一般经过凉水泡发后，洗净泥沙杂质，有的菌类还须剪去菌根，切碎使用。常用于馅心的菌类有香菇、木耳等。

3. 禽畜、水产类

肉类一般选用有一定脂肪含量的部位，肌肉中的纤维要细而软。制馅时，按点心成品的需求不同，有的切成小丁，有的剁成肉末。如水产类中的大虾需去壳、挑去虾线，一般切成虾丁，有时用刀背砸成泥状使用。鱼类一般选用鱼刺较少的鱼，需去皮、去骨，用刀背砸成泥状使用。海参需洗去海参肠子，洗净泥沙，切小丁使用。

4. 其他类

主要有豆腐干、豆腐皮、虾米皮、冬菜、粉丝等，这些原料均要切碎使用。

第二节　常见的咸馅品种

一、生咸馅

生咸馅是用生料拌和而成的，拌和后的馅心经与主坯成型后同时成熟。因此，生咸馅能保持原料的原汁原味，具有清鲜爽滑，鲜美多卤的特点。

用生咸馅可以制作出多种多样、别具风味的点心。下面以具体实例说明生咸馅的制作方法及口味特点。

1. 青菜馅

（1）原料

青菜4 000 g，豆腐干4块，植物油200 g，精盐、白糖、味精、水淀粉适量。

（2）制作方法

1）先将青菜去掉黄叶，将青菜叶掰开洗净，放入开水中焯水（水中放一点盐），捞出后立即放入冷水中晾凉。

2）将菜斩碎，挤干水分。将豆腐干切成小方丁。

3）青菜、豆腐干放入盆中，加入植物油、精盐、白糖等调味品，一起拌和即成。

（3）特点

颜色碧绿，咸香爽口。

（4）拌馅要领

焯水时放一点盐，能保持青菜的碧绿颜色。

2. 萝卜丝馅

（1）原料

萝卜750 g，虾米75 g，猪板油150 g，熟火腿30 g，大葱35 g，精盐15 g，味精2 g，麻油50 g。

（2）制作方法

1）猪板油去皮切成小丁，用盐拌和腌制2~3天后待用。

2）将萝卜洗净去皮切成细丝，加少量盐腌制片刻，挤干水分加麻油调匀。

3）将虾米用温水浸泡后斩成末，火腿、大葱均切成细末。将萝卜丝、火腿末、大葱末、虾米末与猪板油丁一起搅拌成馅,加入味精即成。

(3)特点

口味鲜香。

(4)拌馅要领

许多地区为去掉浓厚的萝卜异味,常采用沸水焯料,再自然晾凉的方法。

3. 菜肉馅

(1)原料

肥瘦猪肉 500 g,油菜 1 000 g,酱油 25 g,麻油 25 g,味精 3 g,白糖 4 g,料酒 25 g,猪油 75 g,胡椒粉 0.5 g,精盐 6 g,葱 50 g,姜 7.5 g。

(2)制作方法

1)将猪肉用绞刀绞烂。葱切成葱花,姜剁成末待用。

2)油菜去除杂物,洗净,放入沸水中烫一下,捞出。用凉水冲冷,控干水分,剁碎,略挤去水分后待用。每 500 g 油菜烫过剁碎后挤去水分,得净菜 150 g。

3)将肉末放入盆内,加酱油、麻油、胡椒粉、白糖、精盐、料酒、葱花、姜末搅拌均匀。然后加入油菜、味精、猪油,再次搅匀便成菜肉馅。

(3)特点

味鲜而不腻。

(4)拌馅要领

1)油菜必须用开水烫,以去掉青菜味。

2)菜不宜剁得太烂。

此馅如用大白菜,则洗净、剁碎、挤水后即可拌入肉馅内(每 500 g 大白菜可得净菜馅 225~250 g)。

4. 三鲜馅

(1)原料

猪肉 200 g,大虾 100 g,鸡肉 100 g,海参 75 g,水发冬菇 30 g,冬笋 75 g,葱 25 g,姜 5 g,精盐 3.5 g,酱油 20 g,麻油 10 g,味精 3 g,白糖 2.5 g,胡椒粉 0.5 g,猪油 35 g,料酒 10 g。

(2)制作方法

1)将猪肉、鸡肉剁烂,大虾去虾线洗净,海参、冬菇、冬笋均切成小丁,葱、姜剁成末待用。

2)将剁好的猪肉、鸡肉放进盆内,加入精盐、酱油、料酒、味精、白糖、胡椒粉、麻油,将肉馅搅拌至有黏性。然后加入虾、冬菇、冬笋、猪油、葱、姜、海参,

搅拌均匀即成三鲜馅。

（3）特点

味鲜多汁。

（4）拌馅要领

猪肉、鸡肉馅加入调料后必须搅匀、搅透，再加入余料拌匀。

5. 鱼胶馅

（1）原料

鲜鱼肉 500 g，腊肉 150 g，香菜 10 g，葱 15 g，姜 7.5 g，精盐 10 g，陈皮 15 g，白糖 2.5 g，味精 3 g，胡椒粉 0.5 g，麻油 10 g，生粉 50 g，清水 175 g。

（2）制作方法

1）将鲜鱼肉剔去鱼皮，拣净鱼刺及筋，用刀剁成鱼茸，盛放盆内待用。

2）腊肉切成粒，香菜切成丝；陈皮切碎粒，用 100 g 清水浸泡，使其出味（陈皮渣子不要）；葱、姜切成末待用。

3）鱼茸内加入精盐、生粉（调和成湿生粉）搅匀。再分三次加入清水和陈皮液，用手将鱼茸搅拌成鱼胶。然后加入味精、麻油、白糖、胡椒粉、腊肉粒、香菜等搅拌匀，最后放进葱、姜末拌匀，即成鱼胶馅。

（3）特点

爽滑味鲜。

（4）拌馅要领

1）打鱼胶时要用力，顺一个方向搅拌，水要分几次放入。

2）鱼胶中不可加入过多的水，否则不爽口。

3）最后放入葱、姜末，避免搅拌时葱分泌黏液，影响鱼胶质量。

6. 鸡肉馅

（1）原料

鸡肉 500 g，瘦猪肉 500 g，冬笋 200 g，水发冬菇 100 g，葱 50 g，姜 10 g，生抽 25 g，精盐 7 g，麻油 10 g，清汤 200 g，白糖 6 g，料酒 25 g，胡椒粉 1 g，味精 7 g，猪油 75 g，生粉（湿）10 g。

（2）制作方法

1）将鸡肉、瘦猪肉、冬菇、冬笋切成细丁，葱、姜切成末，冬菇、冬笋用沸水烫一下，冷却待用。

2）先将鸡肉、瘦猪肉混合，加入生抽、精盐、麻油、白糖、料酒、胡椒粉、湿生粉搅拌成黏稠状，再加入清汤搅匀，最后加入冬菇、冬笋、味精、猪油、葱末、姜末，搅匀即成。

（3）特点

爽滑味鲜。

（4）拌馅要领

1）鸡肉和瘦猪肉不宜用绞刀绞烂。

2）加入清汤后必须朝一个方向将汤搅入肉内，不宜久置，否则鸡肉馅会出汤。

二、熟咸馅

1. 雪笋馅

（1）原料

雪里蕻咸菜（雪菜）500 g，去皮鲜笋 100 g，白糖 20 g，食用油 100 g，味精 2 g，酱油 10 g，精盐、鲜汤、水淀粉适量。

（2）制作方法

1）先将雪菜浸泡，减轻咸味，洗净，挤干，斩成细末，鲜笋切成小丁。

2）锅上火，放油烧热，放入笋丁略煸炒，加入鲜汤、糖、盐、酱油，焖烧 10 min 左右盛起。

3）将原锅上火放油，把雪菜煸炒透，放入笋丁、味精同炒，用水淀粉勾芡拌和均匀即成。

（3）特点

咸香、甘鲜。

（4）拌馅要领

由于雪菜本身已有咸味，所以制馅时必须注意盐的使用量。

2. 叉烧馅

（1）原料

叉烧肉 500 g，面捞芡 250 g。

（2）制作方法

1）将叉烧肉切成 1 cm 见方、0.3 cm 厚的小片，放入盆内。

2）加入面捞芡，用手轻轻拌匀即成。

（3）特点

咸甜味鲜。

 小提示

面捞芡的制作方法

1）原料。面粉 100 g，蚝油 50 g，味精 2 g，葱 25 g，猪油 100 g，酱油 65 g，白糖 110 g，精盐 3 g，清汤 500 g。

2）制作过程

①将锅烧热，倒入猪油，将葱炸干捞出（取其味）待用。

②面粉下入油锅，上火加热，慢慢搅匀，小火炒成淡黄色，将清汤分3次下入，每次下入后均搅匀。最后下入酱油、白糖、精盐、蚝油、味精，搅拌至细滑无粉粒，呈浓稠状即成。

3. 熟鸡肉馅

（1）原料

鸡肉 200 g，猪肥瘦肉 200 g，冬笋 100 g，水发冬菇 50 g，葱 10 g，姜 5 g，精盐 3 g，生抽 10 g，麻油 5 g，味精 2.5 g，白糖 2.5 g，胡椒粉 0.5 g，料酒 10 g，清汤 50 g，湿淀粉 25 g，猪油 15 g。

（2）制作方法

1）将鸡肉、猪肥瘦肉切成丁，用湿淀粉上浆，滑熟待用。

2）冬笋、冬菇切成小丁，用沸水焯一下捞出，控干水分。葱、姜切成末待用。

3）锅上火加入猪油，用姜、葱炝锅，然后把冬笋、冬菇下入煸炒，将滑过油的鸡肉、猪肉丁下锅放入料酒烹一下，再加入清汤和其他调味料，调好口味，用湿淀粉勾芡，炒熟后盛出冷却，即成。

（3）特点

嫩滑鲜美。

（4）炒馅要领

1）要锅热火旺油暖，再将鸡肉、猪肉下锅滑散，以保证肉质鲜嫩，不粘锅。

2）此馅勾芡要适量，否则冷却后呈粉团状或发散状。

4. 芋角馅制法

（1）原料

猪瘦肉 350 g，熟肥肉 125 g，生虾肉 150 g，熟虾肉 125 g，水发冬菇 50 g，鸡蛋 150 g，味精 5 g，白糖 15 g，生抽 25 g，胡椒粉 2 g，马蹄粉 25 g，精盐 10 g，食用油

40 g，麻油 10 g，高汤 300 g，绍酒 10 g。

（2）制作方法

1）熟肥肉、熟虾肉、水发冬菇用开水烫后切成小粒。

2）将猪瘦肉、生虾肉加湿马蹄粉和匀，泡油，捞起。

3）鸡蛋打好备用。

4）用热油把冬菇炒香，放入泡过油的肉下锅后，加入高汤、精盐、白糖、生抽、味精、胡椒粉、麻油、绍酒炒匀，用马蹄粉勾芡，再加鸡蛋拌匀，最后加食用油调匀，便成芋角馅。

（3）炒馅要领

1）要掌握好炒馅时的油温，火慢则粉易坠底、肉不粘粉，火过猛则肉质不滑。

2）炒馅时，水、油、粉均要恰当。

3）勾芡后放入食用油，使馅料增加光泽。

第五章

面坯调制工艺（一）

第一节 水调面坯

一、水调面坯的概述

1. 水调面坯的概念

水调面坯一般是指面粉加水调制的面坯。餐饮业也称之为"死面""呆面"。面粉中掺水是制作大部分水调面品种的常见方法，也有在水调面坯中掺一点盐、一点碱或一点糖的情况，但是不论掺什么原料，只要掺的量不是很多，不改变面坯的性质，一般仍称其为水调面坯。

2. 水调面坯的特性

水调面坯根据用水温度的不同，一般可以分为冷水面坯、温水面坯和热水面坯。

（1）冷水面坯

冷水面坯色泽洁白，爽滑筋道，有弹性、韧性、延伸性，适合做面条、水饺等面点。

（2）温水面坯

温水面坯黏性、韧性和色泽介于冷水面坯和热水面坯之间，具有可塑性较强的特点，适合于烙饼。

（3）热水面坯

热水面坯黏性大，韧性差，成品口感软糯、色泽较暗，适合做花色蒸饺、锅贴、烫面炸糕等面点。

3. 水调面坯的调制工艺

（1）冷水面坯调制工艺

冷水面坯是用冷水（30 ℃以下）与面粉调制的面坯。调制方法是：将面粉倒入盆中，加入冷水，用手抄拌、揉搓，使水与面结合成坯，经反复揉制使面坯表面光滑、有劲、不粘手，再盖上洁净的湿布静醒即成。

根据点心品种的需要，有时可在冷水面里加入少量的盐或碱，可以提高面坯的弹性和筋力。

（2）温水面坯调制工艺

温水面坯是用温水（50~60 ℃）与面粉调制的面坯。调制方法是：将面粉倒入盆内，加温水进行调制，手法与冷水面坯基本相同。但由于用这种方法调制的面坯一般较粘手，且适用的品种范围较小，因而厨师们常采用先往面中加入50%~70%的沸水，用面杖拌匀，再加入其余部分的冷水将面和匀的方法。这种方法调制的面坯较软，有可塑性且不粘手。行业里称其为半烫面、三生面。

（3）热水面坯调制工艺

热水面坯一般是指用沸水调制的面坯，又称"烫面"。烫面的调制方法有两种。

1）将1 000~1 100 g水放入锅中，上火烧开后，改小火，向沸水中倒入面粉500 g，用面杖用力搅匀，烫透后出锅，放在抹好油的案台上晾凉，揉团后即可使用。

2）面粉开窝，将沸水浇入面中，边浇边用面杖搅拌，基本均匀后，倒在抹过油的案台上，洒些冷水揉成团，即可使用。

以上是水调面坯的一般调制方法。由于水调面坯是中式面点工艺中最基本的面坯，因而各地在调制工艺方法上、水的温度上、冷热水的比例上以及工艺手法上均有区别，可根据具体情况分别处理。

4. 注意事项

（1）冷水面坯调制要领

调制冷水面坯时，要经过下粉、掺水、拌和、揉、搓等过程，因而要注意以下几点。

1）根据气候条件、面粉质量及成品的要求，掌握掺水比例。水要分次掺入，切不可一次加足。一次性加水太多，面粉一时吃不进去，会造成"窝水"现象，使面粘手。

2）水的温度要适当。由于面粉中的蛋白质是在冷水条件下生成面筋网的，因而必须用冷水和面。但在冬季时，可用30 ℃的水和面。

3）揉面时要用力揉搓。冷水面坯中致密的面筋网主要是靠揉搓力量形成的，只有用力反复揉搓，才能使面坯光滑，不粘手。

4）面和好后要盖上洁净的湿布静置，即醒面。醒面可以使面坯中未吸足水分的颗粒进一步充分吸水，更好地生成面筋网，提高面坯的弹性和光滑度，使面坯更滋润，成品更爽口。醒面时加盖湿布的目的是防止面坯风干，发生结皮现象。

（2）热水面坯调制要领

不论是全烫面还是半烫面，要求都是黏、柔、糯。调制热水面坯时，要注意以下几点。

1）掺水量要准。热水面坯调制时的掺水量要准确，水要一次掺足，不可在面成坯后调整，补面或补水均会影响面坯的质量，造成成品粘牙。

2）热水要浇匀。热水与面粉要均匀混合，否则坯内会出现生粉颗粒影响成品品质。

3）及时散发面坯中的热气。热水面烫好后，必须摊开冷却，再揉和成团。否则制出的成品表面粗糙，易结皮、开裂，严重影响质量。

4）烫面时，要用木棍或面杖搅拌，切不可直接用手，以防烫伤。

5）面和好后，表面要刷一层油，防止表面结皮。

（3）温水面坯调制要领

温水面坯既要有冷水面坯的韧性、弹性、筋力，又要有热水面坯的黏性、糯性、柔软性，因而在调制时要注意以下三点。

1）水温准确。直接用温水和面时，水温以 60 ℃左右为宜。水温太高，面坯过黏而无筋力；水温过低，面坯劲大而不柔软，无糯性。

2）及时散发面坯中的热气。温水面坯和好后，需摊开冷却，再揉和成团。

3）面坯和好后，表面也需刷一层油或盖上洁净的湿布。

二、水调面坯加工实例

1. 水饺

（1）原料

面粉 500 g，清水 225 g，猪肉馅 300 g，青菜 250 g，酱油 25 g，精盐 5 g，姜末 5 g，味精 3 g，花椒水适量，葱花 50 g，熟花生油 15 g，麻油 15 g。

（2）工艺流程

和面→揉面→搓面→下剂→制皮→上馅→成型→熟制

制馅 ——————————————↑

（3）制作过程

1）肉馅放入盆内，放入熟花生油、酱油、精盐、姜末、味精、花椒水搅拌均匀，再加入125 g清水，顺着一个方向，搅拌至肉馅呈黏稠状即可。青菜择洗干净切碎，挤干水分，倒入盆中。然后再放上葱花，淋上麻油拌匀，待用。

2）面粉放入盆内，加入清水和成面坯，揉匀揉透，搓成直径约1.5 cm的长条，揪成60个剂子，用手按扁，擀成中间稍厚、边缘略薄的皮子。左手托皮子，右手用馅尺挑起10 g左右的馅心，放在皮子中央，左手拇指将放好馅心的皮子挑起，右手拇指与食指将皮子边缘对齐包严，呈半月形饺子生坯。

3）煮锅上火，将水烧开，放入饺子生坯。用手勺背轻轻推动，以免饺子生坯粘贴于锅底。待饺子浮起，再加2~3次少量冷水，以免锅内水翻腾过大，使饺子破裂，待饺子皮与馅心松离即熟。

（4）风味特点

皮薄爽滑筋道，馅心滑润鲜香。

（5）制作要点

1）制馅加水时，要边加边搅，不要一次性将水全部加入，以保证馅心黏稠，不出汤。

2）皮子要薄厚均匀。

3）包捏时要边窄、肚圆。

4）煮制时要火候适当，保持水沸而不腾。

2. 家常饼

（1）原料

面粉1 000 g，花生油150 g，精盐10 g。

（2）工艺流程

和面→搓条→下剂→成型→熟制

（3）制作过程

1）将200 g面粉用100 g开水烫面拌匀，将精盐放入500 g温水中，溶化后与800 g面粉拌匀，然后将两种面坯和起来，用手带入少量冷水，和成有筋力的面坯，稍醒。

2）将面坯搓成长条，揪成10个剂子，团成椭圆形，擀成15 cm宽、25 cm长的椭圆形片，上面刷一层油，顺势拉长，从上边折过2 cm左右，双手拇指、食指分别捏住两端，叠成台阶形长条，押长后盘成圆饼形，擀成直径约20 cm左右的圆形生坯。

3）平锅烧热，放少许油，将饼上锅，两面刷少许油，烙成金黄色，取出用双手戳松。

（4）风味特点

层次清晰，色泽金黄，松而不散，柔润松香。

（5）制作要点

折叠时层次要均匀，擀制成型时用力要适当，成熟时火候适当、饼坯翻转适当。

3. 锅贴

（1）原料

面粉500 g，猪肉250 g，青菜250 g，水发木耳50 g，海米25 g，酱油25 g，精盐5 g，姜末5 g，味精2.5 g，葱花50 g，麻油、花椒水适量。

（2）工艺流程

```
和面→揉面→搓条→下剂→制皮→上馅→成型→熟制
制馅 ─────────────────────↑
```

（3）制作过程

1）猪肉剁碎，青菜择洗干净切碎，挤干水分。海米泡好切丁，木耳切成小片。猪肉馅放入盆内，加入姜末、酱油、精盐、味精、花椒水拌匀，加入适量清水，顺一个方向搅拌至肉馅呈黏稠状。放进青菜末、海米丁、木耳片、葱花，淋上少许麻油拌匀待用。

2）面粉放入盆内，倒入250 g开水，用面杖搅拌均匀后，放在案上晾凉，再揉匀揉透，搓成长条，揪成重约15 g的剂子，逐个按扁，擀成圆形片。

3）左手托皮子，右手用馅尺抹入重约15 g的馅心，再用右手拇指和食指对折捏成有花褶的月牙状饺子形。

4）平锅上火烧热，擦一层油后码入生坯稍煎，倒入清水，水量是锅贴生坯的1/3高，盖严锅盖。待锅贴底部呈金黄色时，淋入少许油，再略煎一会儿，盛出，底部向上码于盘内。

（4）风味特点

色泽金黄，底皮酥脆，上皮软糯，皮薄馅大，口味鲜香。

（5）制作要点

1）烫面时，热水要浇匀、烫透，以免出现生粉粒。

2）制馅时，清水要分次加入，以免出汤。

3）煎制时，火候适当。

4. 馅饼

（1）原料

面粉500 g，猪肉馅300 g，韭菜500 g，精盐10 g，味精5 g，酱油25 g，麻油15 g，姜末10 g，花椒水、花生油适量。

(2）工艺流程

和面→揪剂→上馅→成型→熟制

制馅 ———————↑

(3）制作过程

1）将肉馅放入盆内，加入酱油、精盐、味精、姜末、花椒水拌匀，分几次每次搅入 100 g 清水，搅至肉馅呈黏稠状。韭菜择洗干净，控干水分，切碎，放入调好的肉馅内，淋上麻油，搅拌均匀待用。

2）面粉放入盆内，加入 350 g 清水揉成柔软光滑的面坯。将面坯放在案台上，用手揪剂后略压扁，右手用馅尺打入馅心收口，按扁成饼。

3）饼铛烧热，放入少量花生油，将生坯放入铛内，淋上少许花生油，两面烙成金黄色即可。

(4）风味特点

色泽金黄，皮薄馅大，口味鲜香。

(5）制作要点

面坯要柔软光滑。馅心要大，收口要严，两面皮子薄厚均匀。铛温适当。

5. 炸酱面

(1）原料

面粉 500 g，黄酱 60 g，猪前夹心肉 125 g，食用油 50 g，味精 2.5 g，葱末 5 g，清汤 50 g，料酒 10 g，绵白糖 10 g。

(2）工艺流程

1）和面→揉面→擀制→切条→熟制。

2）炸酱。

(3）制作过程

1）将猪肉切成小丁。炒锅上火烧热，放入食用油，下入肉丁炒散，加入黄酱、料酒同炒片刻，加入葱末、清汤。烧开后，将火力调小，加绵白糖、味精炒至油亮即可。

2）将 500 g 面粉加入 200 g 清水和成面坯，揉匀用面杖擀成薄厚均匀的大片，折叠数层，用刀切成粗细均匀的面条，抖散。

3）将切好的面条放入开水锅中煮熟，分别挑入碗中，浇上炸酱即可食用。

(4）风味特点

面条爽滑筋道，口味酱香醇浓。

(5）制作要点

1）酱要炸透。

2）面条要粗细均匀。

第二节 化学膨松面坯

一、化学膨松面坯的概述

1. 化学膨松面坯的概念

在面粉中掺入化学膨松剂,利用化学膨松剂的分解产气性质制成的膨松面坯,叫化学膨松面坯。实际工作中,化学膨松面坯往往还要添加一些辅料,如油、糖、蛋、乳等,使成品更有特色。

2. 化学膨松面坯的特性

化学膨松面坯成品体积疏松多孔,呈蜂窝或海绵状组织结构。一般成品呈蜂窝状组织结构的点心,口感酥脆浓香;成品呈海绵状组织结构的点心,口感暄软清香。

3. 化学膨松面坯的调制工艺

(1)化学膨松剂的种类及特点

化学膨松剂可分为两类,一类是单一成分的化学膨松剂,如碳酸氢钠($NaHCO_3$)和碳酸氢铵(NH_4HCO_3);另一类是复合膨松剂,如发酵粉。

面点制作中经常使用的化学膨松剂主要有小苏打、臭粉和泡打粉三种。碳酸氢钠俗称小苏打、食粉,呈白色粉末状,味微咸,无臭味。碳酸氢铵俗称臭粉,臭起子,呈白色粉状结晶,有氨臭味。发酵粉也称泡打粉,是由酸剂、碱剂和填充剂组合成的一种复合膨松剂。

(2)调制工艺

将相应比例的面粉与化学膨松剂一起过罗,倒在案台上开成窝形,将其他辅料(油、糖、蛋、乳、水)按投料要求放入窝内,用手掌将辅料混合擦均匀,再拨入面粉,用复叠法和成面坯。

由于这类面坯含油、糖、蛋较多,且具有疏松、酥脆、不分层的特点,因而又称其为"单酥"或"硬酥"。

调制这类面坯时,工艺手法一定要采用复叠的方法,揉搓会使面坯上劲、泻油。

4. 注意事项

调制化学膨松面坯,使用的是化学膨松剂,因此要注意以下几点。

（1）准确掌握各种化学膨松剂的使用量。目前使用的化学膨松剂，效率较高，操作时必须谨慎。小苏打的用量一般为面粉的1%~2%，臭粉的用量为面粉的0.5%~1%，泡打粉可按面粉的3%~5%的比例掌握用量。

（2）调制面坯时，化学膨松剂须用凉水化开，不宜使用热水。如使用热水调制，化学膨松剂受热会加速分解，从而降低膨松效果。

（3）和面坯时，要将面坯和匀、和透，否则化学膨松剂分布不匀，成品易带有斑点，影响成品质量。

二、化学膨松面坯加工实例

马拉糕

（1）原料

面粉500 g，绵白糖250 g，鸡蛋300 g，泡打粉25 g，香草粉少许，青梅适量，金糕条10 g，葡萄干150 g，瓜子仁15 g。

（2）工艺流程

$$和面 \rightarrow 成型 \rightarrow 熟制$$

（3）制作过程

1）将青梅、金糕条切成小碎丁。

2）将面粉、泡打粉拌匀过罗备用。将绵白糖、鸡蛋、香草粉放在盆内搅匀，加入200 g清水搅匀至糖溶化，将筛过的面粉倒入盆内，用手调拌均匀，再将150 g清水倒入搅匀，即成糕浆。

3）用中号菊花盏或梅花盏刷一层油（如不刷油可在花盏内垫一张纸），将调好的糕浆用勺盛起倒入盏内，撒上切好的青梅、金糕条以及葡萄干、瓜子仁，码入屉内，旺火沸水蒸制12 min即熟。

（4）风味特点

色泽美观，绵软松发，香甜可口。

（5）制作要点

糕浆不可过分搅拌，拌好的糕浆不可放置时间过长。

第三节 杂粮面坯

一、杂粮加工工艺

1. 玉米面

用玉米制作面点时,须将玉米粒磨成粉,玉米面粉质有粗有细,但不论粉质粗细,其性质都是韧性差,松而发硬,不易吸水变软。

用玉米面制作面点时,一般将玉米面放入盆中,根据品种的需要,加入适量的热水、温水或凉水,静置一段时间后,再经成型、熟制工艺即成。用热水或温水和面后静置,有利于增加黏性和便于成熟。

2. 莜麦面

将莜麦粉放入盆内,将沸水冲入面盆,且边冲边用面杖搅匀成团,再放在大理石案台上,搓擦成光滑滋润的面。此面有一定的可塑性,但无弹性和延伸性。莜麦面可做莜面卷、莜面猫耳朵、莜面鱼等。

莜麦加工须经过"三熟":磨粉前要炒熟;和面时要烫熟;制坯后要蒸熟。否则不易消化,容易引起腹痛或腹泻。吃时讲究冬蘸羊肉卤,夏调盐菜汤。莜麦面还可用作糕点的辅料。

莜麦面品种的熟制可蒸、可煮,一般用时 5~10 min。成品一般具有爽滑筋道的特点。

3. 高粱

将高粱米在凉水中浸泡 30 min 后,可加水焖饭,也可煮粥。高粱米也可磨成高粱面,高粱面韧性较差,且松而发硬。做高粱面饼时,一般需放小苏打。

4. 小米

将小米浸泡后,可加适量水蒸小米饭、煮小米粥,或与大米掺和做二米饭、二米粥。

二、杂粮面点制作实例

1. 小窝头

(1) 原料

细玉米面 400 g,黄豆面 100 g,白糖 50 g,糖桂花 10 g,泡打粉 5 g。

（2）制作过程

1）将细玉米面、黄豆面、泡打粉、白糖、糖桂花一起放在盆中，逐次加入温水慢慢揉和，要使面团柔韧有劲。搓匀后，搓成直径 5~6 cm 的圆条，揪成 100 个小剂子。

2）沾少许水控在左手中，然后取一小剂子放入左手心，用右手手指揉捻几下，继而搓成圆球状，右手食指沾一点凉水，在圆球中间钻一个小洞，边钻边转动手指，这时需两手配合并将窝头上端捏成尖形，内壁外表均要光滑，然后码入屉中。

3）用旺火蒸 10 min 即可。

（3）风味特点

颜色鲜黄、形状别致、制作精巧、细腻甜香。

（4）制作要求

调制面团要软硬适度，软则形不佳，硬则口感不好且易干裂。用同样的面团还可制作"金元宝"。

2. 贴饼子

（1）原料

玉米面 500 g，黄豆面 100 g，面粉 50 g，酵母 5 g，白糖 100 g，黄油 25 g，鸡蛋 1 个。

（2）制作过程

1）玉米面、黄豆面、面粉、白糖、酵母拌匀后加入鸡蛋和黄油，然后加入温水调成较软的稠糊状面团，盖上洁净湿布醒 10~15 min。

2）将饼铛烧热，表面刷油，用勺子装面，然后倒入铛中，要尽量使饼圆，且大小一致，烙约 2 min 后，用铲子翻个，两面烙成金黄色即可。

（3）风味特点

色泽金黄，口感甜香。

（4）制作要求

面团调制要以稍软为好，太硬不宜成型，口感也欠佳，制作时要大小一致。

3. 玉米面发糕

（1）原料

细玉米面 1 000 g，面肥 200 g，食用碱适量，白糖 100 g，青红丝 25 g。

（2）制作过程

1）将面肥放入盆中加温水约 650 g，然后放入细玉米面和好后盖上洁净湿布醒发 2~3 h。

2）加碱去酸后放入白糖，和匀即可，面成糊浆状。

3）蒸锅烧开铺屉布，上面放木制方框，将糊状面团倒入方框中，用刮板抹平，表面撒青红丝，蒸 30 min 即熟。

4）晾凉后切块即可上桌。

（3）风味特点

颜色浅黄，外形鲜艳，香味甘甜浓郁，营养丰富。

（4）制作要求

1）面团一定要发透，以稍软为佳。

2）蒸时用尖筷扎几个孔以免蒸不透，夹生，粘牙。

4. 菜团子

（1）原料

细玉米面 900 g，面粉 100 g，时令蔬菜馅适量，泡打粉 10 g，白糖 25 g，鸡蛋 1 个。

（2）制作过程

1）制馅。馅心可采用各种时令蔬菜，经初加工去水后拌制而成，荤素均可。有些菜馅中加些黄酱可使馅中具有浓烈的酱香味，拌素馅时可适当多放些油。将黄酱略加炒制晾凉后加入各种蔬菜、虾皮、粉丝、豆腐干等，最后加精盐、味精、麻油、葱末拌匀即成时令蔬菜馅。

2）细玉米面、白糖、面粉、泡打粉拌匀后加入鸡蛋和温水，和成软硬适度的面团，盖上湿布稍醒 10~15 min。

3）锅中烧水，铺上湿屉布，开始包团子。从盆中取约 50 g 的面团，用手揉圆，揉出光面，按扁，右手用尺板挑馅放在面皮上，两只手相互配合，将馅全部包入面中，馅应稍大，然后收口朝下，码入屉中，依次包完，盖上锅盖。

4）用旺火蒸 25~30 min，熟后趁热取出，码盘即可。

（3）风味特点

皮薄馅大不露馅，馅心周正，色泽金黄，口感鲜香，有浓郁的玉米香味。

（4）制作要求

1）面团不宜和得过软，要软硬适度，过软不易成型，过硬则易裂口。

2）馅心以稍干为佳，不能带有汤汁，否则影响成型。

5. 玉米面蒸饺

（1）原料

细玉米面 500 g，面粉 100 g，酵母 5 g，泡打粉 7.5 g，白糖 25 g，鸡蛋 1 个。馅心可与菜团子相同。

（2）制作过程

细玉米面、面粉加泡打粉拌匀，然后加入酵母、白糖、鸡蛋、温水 300 g 和成软硬适度的面团，在案台上搓条、揪剂、擀皮、包馅，两手配合在生坯上捏出花褶，码入屉中，用旺火蒸 15~20 min，熟后取出码盘即可。

（3）风味特点

色泽淡黄，口感鲜香，外形美观。

（4）制作要求

1）面团和馅心的软硬程度要相同，否则难以成型。

2）馅心以素馅为佳。

6. 煮面鱼

（1）原料

高粱面 300 g，荞面 200 g。

（2）制作过程

将两种面粉放入盆内搅匀，加入温水 300 g，和成面团揉匀后醒 15 min。揪一块面团搓成细长条，再用右手掐一小条（约 2 g）在案上搓成 5 cm 长的小长条，然后按成两头尖柳叶状的小面鱼，依次做完，下入开水煮熟捞出即可。

食用时浇入各种荤素菜卤，也可焖炒而食。

（3）风味特点

筋道利口，有浓郁的杂粮香味。

（4）制作要求

和面时要软硬适度，并要反复揉搓，否则口感不爽滑。

7. 莜面饺子

（1）原料

莜面 500 g，猪肉 150 g，胡萝卜 500 g，大葱 50 g，酱油 10 g，麻油 5 g，精盐 10 g，味精 2 g，姜 10 g，花椒水少许。

（2）制作过程

1）莜面放入盆内，倒入开水 500 g，用木棒搅匀，再用手揉匀揉光成烫面团，盖严备用，防止面凉。

2）猪肉切碎剁烂，胡萝卜切碎，葱、姜切末，肉馅加调料拌匀，最后加入胡萝卜、葱末、姜末、麻油，拌匀即成馅。

3）面团上案搓成长条，揪 20 个剂子，逐个压扁擀成直径 10 cm 的圆皮，包入馅心，对边折捏成月牙形，上屉蒸 15 min 即可。食时稍晾，待面皮定住不粘手时即可食用。

（3）风味特点

皮香馅鲜，软嫩味美。

8. 高粱面饼

（1）原料

细高粱面500 g，白糖50 g，小苏打5 g，豆沙馅500 g，白芝麻50 g，奶粉75 g，蛋清1个。

（2）制作过程

1）将细高粱面、白糖、奶粉用50~60 ℃的水250 g和成面坯，面坯凉透后，将小苏打放入面坯中揉匀。

2）面坯搓条、下剂（剂子重约25 g），包上馅心（豆沙馅重约15 g），收口成圆球状，再按成饼状。

3）在饼坯的表面刷一层蛋清，再粘上白芝麻，煎、炸成熟即成。

（3）风味特点

色泽金黄，柔软香甜。

9. 高粱面菜团子

（1）原料

高粱面500 g，小苏打5 g，糯米面50 g，精盐5 g，萝卜丝馅650 g。

（2）制作过程

1）将高粱面、糯米面、精盐用50~60 ℃的水350 g和成面坯，面坯凉透后，将小苏打放入面坯中揉匀。

2）面坯搓条、下剂（剂子重约30 g），包上馅心（萝卜丝馅重约35 g），封口包成圆锥状，蒸制25~30 min。

（3）风味特点

咸、鲜、香、松软。

10. 高粱米粥

（1）原料

高粱米250 g，小枣100 g，水4 000 g，食用碱适量。

（2）制作过程

将高粱米用水浸泡后，放入锅中加水、小枣、食用碱，先用大火将水烧开，再改用小火煮至熟烂。

（3）风味特点

黏稠，绵烂，有枣香味。

11. 小米粽子

（1）原料

黏小米 500 g，熟红小豆 100 g，苇叶、马莲草适量。

（2）制作过程

1）黏小米泡透后与熟红小豆混合拌匀。

2）用苇叶包成粽子，用马莲草捆扎紧。

3）锅内垫废苇叶，将生粽子码入锅中，中火煮熟粽子。

（3）风味特点

黏、香、软、糯。

12. 黏面饽饽

（1）原料

黏小米面 500 g，豆沙馅 550 g，白糖 50 g，江米面 50 g。

（2）制作过程

1）将黏小米面、江米面、白糖用热水 50 g 和成面坯。

2）搓条、下剂（剂子重约 25 g），包上馅心（豆沙馅重约 15 g），封口成圆球状。

3）蒸制成熟（也可煎制成熟）。

（3）风味特点

软、糯、香、甜，豆沙味浓。

第六章

成型工艺（一）

成型是面点工艺中一项重要的基本功，各种不同的成型方法具有不同的技巧。在面点加工成型中运用各种手法、动作的技巧，就是成型工艺。

第一节　搓、擀、卷

一、搓

1. 概念

搓是根据品种的不同要求，将面坯用双手来回揉擦成规定形状的过程。搓可分为搓条和搓形两种手法。

2. 方法

（1）搓条

与面坯制作中的搓条相似，双手搓动坯料，将其延伸或搓上劲。

（2）搓形

用手握住坯剂料，绕圆形或向前推搓，或边揉边搓，双手对搓使坯剂同时旋转，搓成拱圆形、蛋形或桩形。

3. 要求

（1）搓条的要求

两手用力大小一致，搓时必须用掌根。成条要求搓紧、搓光、搓圆，粗细均匀。

（2）搓形的要求

要适当多搓，直至表面光洁；不能有裂纹和面褶；收口处要搓得越小越好；搓形后品种的形状、大小要一致，制品内部组织紧，外形规则，整齐一致。

4. 特点

搓条的面剂可大可小，可粗可细；搓形的面剂一般较小，一次只搓一个面剂。

二、擀

1. 概念

擀是运用各种面杖工具，将坯料制成不同形态的工艺过程。

2. 方法

由于使用的工具不同，擀有多种操作方法，有单手杖擀、双手杖擀、走槌擀等，技术性较强。

3. 要求

工具使用得心应手，操作时动作协调，手法灵活、熟练，成品规格一致，形状美观。

4. 特点

面剂大小不限，面皮薄厚均匀、形态各异。

三、卷

1. 概念

将擀制好的整块面坯，经加馅、抹油或直接根据品种要求，制成圆柱、如意等形状，并形成间隔层次，然后制成半成品或成品的过程。卷分单卷法和双卷法两种。

2. 方法

（1）单卷法

单卷法是将面坯擀成薄片，抹油或上馅料后，从一头卷向另一头，成为圆筒。

（2）双卷法

双卷法是将面坯擀成薄片，抹油或上馅料后，从两头向中间对卷，卷到中心为止，两边卷得一致，使双卷靠紧。

3. 要求

面坯擀成面片后，要用刀切齐成长方形，卷时两端要整齐、卷紧，有些品种可在卷边处抹少量水，使其粘连。擀面片时要薄厚一致，抹馅时不可将馅抹到面片边缘，以防卷筒时将馅挤出。

卷的要点是卷要紧而不"实"，卷筒要粗细均匀。

4. 特点

可卷出各式线条流畅、花纹自如的图形，如蝴蝶卷、双馅卷、秋叶卷等（见图6-1）。

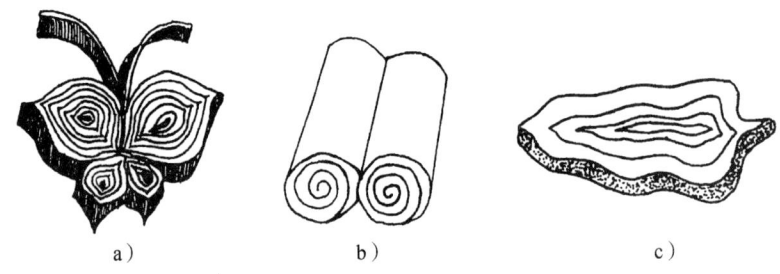

图6-1 用卷的方法成型的制品示例

a）蝴蝶卷 b）双馅卷 c）秋叶卷

第二节 切、包、模具

一、切

1. 概念

切是用刀具将制成的整块面坯，分割成符合成品或半成品形态、规格和分量的小面坯的方法。

2. 方法

（1）切

自里向外慢慢推切的手法称为切。

（2）剁

自上而下迅速剁下的直刀手法称为剁。

（3）剞

以不切断为原则的推刀法称为剞。

3. 要求

（1）由于所用刀具和品种要求不同，切的手法动作也多种多样。但一般要求是下刀准确，规格一致，刀要垂直上下，不要歪斜。

（2）动作灵活，技术熟练。两手要有节奏地密切配合，掌握好所切的宽度，握刀要稳。

4. 特点

规格一致，整齐划一。

二、包

1. 概念

包是将各种不同的馅料与坯料合为一体，成为半成品或成品的方法。

2. 方法

在实际操作中，根据品种的不同，包的成型手法和要求均不一样，变化较多，差别较大。

一般方法是先将坯皮平放到手中，再将馅心放在坯皮中间按实，收口时用力要均匀，不可将馅挤出，要捏紧捏严，馅心在坯皮正中。

3. 要求

馅心居中，规格一致，形态符合产品要求，手法正确，动作熟练。

4. 特点

成品规格形态、坯皮薄厚、馅心多少灵活多变。

三、模具

1. 概念

模具是利用各种特制形态的模型，使坯料形成造型美观的成品或半成品的工艺方法。

2. 方法

模具作为一种成型方法，技术性不强，但成品形态美观，是一种既操作简便又效果好的成型方法。

用于成型的模具样式很多，几乎可随意创造。根据各种点心的成型基本要求，模具大致可分为以下几类。

（1）印模

印模又叫印板模。它是将成品的形态刻在木板上的模具。使用时将面坯放入印模内，使其形成与模具相同的图案（见图6-2）。

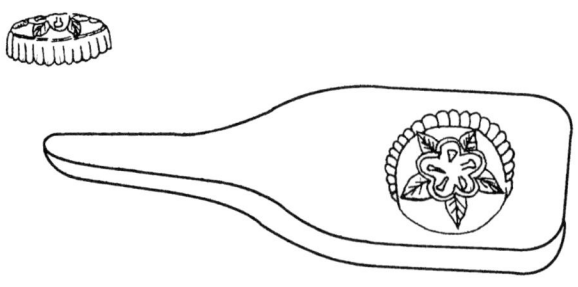

图6-2　印模

（2）套模

套模又叫套筒。它是用铜皮、铁皮、不锈钢皮或塑料制成的各种平面图形的套筒。成型时，用套筒将平整的坯皮套刻成型。

（3）盒模

盒模是用铁皮或铜皮轧制成的凹形模具，其形状、规格主要有长方形、圆形、菱形、花果形等。

（4）内模

内模是用于支撑成品、半成品外形的一种模具，它往往以上下或左右两个模具为一套，其规格、式样可随意创造。

3. 模具成型的要求

（1）印模成型时，面剂大小要适当，按压时用力要均匀适度。因为印模内的空间很小，面坯大小不合适将直接影响成品的形态。

（2）套模成型时，面坯要擀制平整、光滑，套筒使用时要垂直下压，否则影响成品形状。同时应充分利用坯料。

（3）盒模成型时，凡制作面坯中无油的品种，应在盒模内刷上一层油，避免面坯与模具粘连。另外，坯料要与盒模大小一致，否则影响造型。

（4）内模成型时，面剂的大小要适当。面剂太大，模具装不下；面剂太小，成品花纹不清晰。上下或左右模具对接时应严丝合缝，否则会导致成品上下或左右错位。模具表面要保持线条流畅、光滑，便于面坯与模具分离。

4. 模具成型的特点

成品的形态、规格一致，外形美观大方，花纹图案清晰，适合大批量生产。

第七章

熟制工艺（一）

第一节 烤（一）

一、概述

1. 基本概念

烤即烘烤，就是用各种烘烤炉（箱），通过辐射、传导和对流三种热能传递方式，使生坯成熟的方法。

烤分明火烘烤和电热烘烤两种。明火烘烤是利用煤或炭等燃烧产生的热能使生坯成熟的方法；电热烘烤是以电为能源，通过红外线辐射使生坯成熟的方法。经过烤制成熟的品种，因表面水分蒸发，成品失水较多，其熟品一般损失重量占生坯重量的 4%~24%。

（1）烤制工艺适宜的品种

烤主要用于制作各种膨松面坯、层酥面坯品种，如面包、蛋糕、酥点等。

（2）烤制品的特点

烤制的成品一般表面呈金黄色，质地疏松富有弹性，口感香酥。

2. 基本方法

（1）根据烤制品的要求，调好炉温。

（2）将烤盘擦干净，将生坯整齐地码入烤盘内（有时需要在烤盘底部刷少量油）。将烤盘连同生坯放入烤箱内。

（3）根据制品需要设置好烤制的温度和时间，启动烤炉。

3. 基本要求

（1）生坯码放应整齐，间隔要一致。否则制品受热不均匀，色泽、成熟度难以保持一致。

（2）烤制温度应适当。含糖量较多、成品口感要求酥脆、体积较大的品种，炉温可低一些；发酵面坯、成品口感要求松软的，炉温可高一些。

（3）烤制时，应避免反复打开烤箱门，否则烤箱内的温度不能始终保持一致，同时烤箱门经常振动，都将影响成品的造型。

二、常见的烤制品制作实例

1. 芝麻烧饼

（1）原料

面粉 500 g，面肥 50 g，豆油 75 g，麻仁 50 g，精盐 7.5 g，碱水适量。

（2）工艺流程

和面→发面→对碱→揉面→开酥→卷筒→下剂→成型→饰面→熟制

（3）制作过程

1）将 350 g 面粉放在案台上，开成窝形，加入面肥、温水 175 g 和成面坯，揉匀揉透，醒发。

2）将剩余的 150 g 面粉加入豆油，搓成干油酥。

3）发好的面坯加入适量的碱水揉匀，除去酸味。将面坯按成中间稍厚、周边略薄的圆片，将油酥放置正中包严，擀成长方形薄片，撒上精盐，从上往下卷成筒形，揪成重约 75 g 的剂子。

4）将面剂收拢，剂口成圆形，按扁，擀成直径 7 cm 左右的圆饼。饼面沾湿后，粘上麻仁，放入 280 ℃烤炉烤制 8 min 左右即熟。

（4）风味特点

色泽金黄，外焦里嫩，口味咸香。

（5）制作要点

1）用碱要准确。

2）开酥要薄厚均匀。

3）炉温不可过低，否则烤制时间长，饼质发干。

2. 桃酥

（1）原料

面粉 500 g，绵白糖 150 g，砂糖 200 g，猪油 250 g，鸡蛋 100 g，小苏打 5 g，臭粉 2.5 g，熟核桃仁 50 g。

（2）工艺流程

和面→切条→下剂→成型→刷蛋液→熟制

（3）制作过程

1）面粉过罗，放在案上开成窝形，将绵白糖、蛋液、水、猪油、小苏打放入窝内搓匀搓透，至糖溶化。将砂糖放入搓匀的浆内，臭粉均匀撒在面粉上，随即将面粉和入拌匀，用折叠的方法将面和成面坯。

2）将面坯切成条，分成 40~70 个大小均匀的小剂子，再逐个揉成小圆球，放入烤盘，中心用手指按一小坑，表面刷一层蛋液，嵌上熟核桃仁。

3）将生坯放入 140 ℃烤炉内，烤至生坯开始摊裂时马上升高炉温至 180 ℃，再烤制 10~12 min，至表面呈金黄色即可出炉。

（4）风味特点

色泽金黄，酥脆香甜。

（5）制作要点

和面时要用折叠的方法，不能用力揉搓，否则面坯上劲泻油，影响成品质量。

3. 起酥

（1）原料

面粉 500 g，黄油 500 g，鸡蛋 100 g，砂糖适量。

（2）工艺流程

和面→冷冻→开酥→成型→熟制

（3）制作过程

1）将黄油切碎，加入 125 g 面粉搓匀搓透，即成油酥面。

2）将 375 g 面粉放在案上开成窝形，加入 50 g 鸡蛋和 150 g 清水调匀，和成水蛋面坯，搓至软滑有劲。将油酥面擀平成长方形，放入铺好一层面粉的长方形盘内。水蛋面坯擀成方形（是油酥面的 2/3），放在盘内盖上湿布，与油酥面一同放入冰箱冷冻约 1 h。

3）将油酥面和水蛋面坯取出放在案台上，用走槌轻轻捶匀。将水蛋面坯放在油酥面上面，一端对齐，另一端油酥面覆盖 1/2 水蛋面坯，再将另外 1/2 的水蛋面折叠盖在油酥面上，然后用走槌轻轻擀成长方形，从两端折起成三层，再用走槌开成长方形，

再折叠三层,再次开成长方形,将两端向中间折叠成四层,放入冰箱冷冻。

4)将冻硬的面坯取出,放在案台上,用走槌擀成厚约0.4~0.6 cm的长方形薄片。可用刀切成边长6 cm左右的方形,也可用花戳子戳成圆片。上表面刷匀蛋液,粘上砂糖,放入烤盘。入炉180 ℃烤至表面呈金黄色,酥层起发即可。

(4)风味特点

色泽金黄,层次清晰,入口松化香甜。

(5)制作要点

1)开酥时动作要迅速。

2)冷冻时冻至面皮硬里带软状态。

3)刀具、戳具刃口要锋利。

4)刷蛋液时不要将蛋液刷在断面边缘上,以免影响起酥。

第二节 煮

一、概述

1. 基本概念

煮是将成型的生坯投入水锅内,利用水受热产生的温度,使生坯成熟的熟制工艺。

(1)煮制工艺适宜的品种

煮主要是通过沸水传导热量使生坯成熟,所以它主要用于水调面坯、米粉面坯制品的熟制,如面条、水饺、汤圆等。

(2)煮制品的特点

水煮的温度在100 ℃或100 ℃以下,所以成品具有爽滑、韧性强、有汤汁等特点。

2. 基本方法

(1)水烧沸下入生坯。一般先要将水烧开,然后才能将生坯下入锅内。

(2)生坯要依次下锅。在将生坯投入沸水锅时,要边下生坯边用手勺推动,防止粘连。下生坯的数量要适当,不能一次投放过多。

(3)生坯下锅后要盖上锅盖,待水烧开后揭盖,保持水面的沸腾状态,但不能

"滚"。在滚腾时应适量加些冷水,避免制品破裂或汤水溢出。

(4)在煮制过程中,要始终保持旺火沸水,直至制品成熟。

3. 基本要求

(1)煮锅内的水必须充足,一般要比生坯多出数倍。

(2)要根据品种的特点掌握加冷水的次数及煮制时间。

(3)连续煮制时,要注意适时加水、换水。

(4)生坯下锅时,如煮制的是有馅品种,要边下生坯边用手勺轻轻沿锅边顺底推动水,使生坯不致互相粘连、露馅。如是无馅品种,也应轻轻搅动,避免粘连成坨。

(5)捞取成品时,动作要轻,以免碰破成品。

二、常见的煮制品制作实例

1. 粥

(1)原料

粳米 125 g,清水 1 000 g。

(2)工艺流程

$$淘洗米 \to 泡米 \to 煮制$$

(3)制作过程

1)将米淘洗干净,放入冷水中浸泡约 30 min。

2)将清水放锅中,上火烧开。将泡好的米放入开水中,待水再开后,改用小火煮至粥汤稠浓即可。

(4)风味特点

粥汤稠浓,易于消化。

(5)制作要点

米要洗净后再泡,粥汤开锅后改用小火,注意防止糊底。

2. 粽子

(1)原料

糯米 500 g,小枣 40 枚,鲜苇叶 40 片,干马莲草 15 根,白糖 50 g。

(2)工艺流程

$$泡米 \to 煮叶 \to 成型 \to 熟制$$

(3)制作过程

1)糯米洗净,用清水浸泡 2 h。小枣洗净。鲜苇叶用开水煮约 2 h,待苇叶由绿变

黄时，用冷水洗净。

2）根据苇叶的宽度，用2~3片顺长排好，将两端弯向中间，重叠在一起，使苇叶中心形成圆锥形的斗。斗内放入25 g左右的糯米、3~4枚小枣，再放入25 g左右的糯米，与斗口相平，将斗口上部的苇叶折下包住斗口，用泡软的马莲草拦腰捆紧系好。

3）将包好的粽子码入锅内，注入清水，没过粽子，盖上锅盖，上火煮2 h左右。

4）取出煮熟的粽子，去掉苇叶，放入盘内加糖食用。

（4）风味特点

香滑爽甜，软糯适口。

（5）制作要点

1）米要泡透。

2）苇叶要选用较宽的，要包严捆紧。

3）熟制时要煮透。

3. 拨鱼面

（1）原料

面粉500 g，精盐1 g，淀粉20 g。

（2）工艺流程

和面→醒置→成型→熟制

（3）制作过程

1）面粉放入大碗内，加精盐、淀粉、300 g清水和成软面坯，醒透。

2）左手执面碗，右手拿竹筷，站在开水锅旁，用筷子蘸水顺碗边（碗微倾斜）随转动随往锅里拨拉，拨出两头尖、约10 cm长的圆形面条，状似小鱼，随拨随煮，熟后捞出即可。

3）可配卤、炸酱等食用。

（4）风味特点

爽滑，风味独特。

（5）制作要点

面鱼要粗细均匀。

4. 刀削面

（1）原料

面粉500 g，精盐1 g。

（2）工艺流程

和面→醒置→削面→熟制

（3）制作过程

1）面粉加清水和成偏硬的面坯，反复揉搋，使面坯滋润光滑，盖上湿布醒30 min。

2）将醒好的面坯揉透，成长方形块，中间夹一根竹筷子做"骨架"。左手将面托起，右手拿瓦片刀从右至左沿面坯的水平面将面坯逐刀削下，一刀压一刀，削出的面为长2.5 cm左右的三棱形，并直接落入开水锅中，煮熟捞出。

3）刀削面配小炖肉最佳，也可配炸酱、三鲜卤等。

（4）风味特点

筋道、爽滑。

（5）制作要点

削出的条要均匀。

5. 杏仁豆腐

（1）原料

甜杏仁250 g，琼脂20 g，熟牛奶250 g，山楂糕150 g，砂糖300 g。

（2）工艺流程

调浆→熟制→成型

（3）制作过程

1）甜杏仁用开水泡过，去皮，放入粉碎机搅烂成杏仁酱。盆内加清水1 500 g，放入杏仁酱、熟牛奶一起和成浆，滤去残渣待用。

2）琼脂洗净放入锅内，上火用250 g开水将其化开，过滤后与杏仁浆倒在一起拌匀。倒入碗内或盘内（只能一半满），放入冰箱待用。

3）600 g清水中加入砂糖300 g，上火烧开，撇去浮沫，晾凉后放入冰箱待用。

4）山楂糕切成小斜象眼片，待用。

5）食用前，用小刀将杏仁豆腐改切成斜象眼块，撒上山楂糕片，倒入凉糖水即可。

（4）风味特点

洁白鲜嫩，甜香适口。

（5）制作要点

掌握好琼脂与水的配比，因其将直接影响成品的口感。

第三节　烙（一）

一、概述

1. 基本概念

烙是把成型的生坯，摆放在平锅中，架在炉火上，通过金属传导热量使制品成熟的一种熟制方法。

（1）烙制工艺适宜的品种

烙主要适用于水调面团、发酵面团、米粉面团（包括粉浆）等制品，其中特别适合各种饼（如大饼、煎饼、家常饼等）的熟制。

（2）烙制品的特点

色泽呈黄褐色，口感皮面香脆、内心柔软。

2. 基本方法

将平锅烧热，生坯半成品放入平锅内，边加热，边将生坯两面适时翻动，直至面坯加热成熟，两面呈金黄色。

3. 基本要求

（1）注意翻动面坯

一般来说，面坯下锅，应正面朝下，剂口朝上。加热到适当程度，翻过来正面朝上，剂口朝下。烙到一定程度，再次翻身，直至面坯成熟。所有烙的制品，都要经过翻转移动的过程。

（2）注意把握火候和温度

一般薄的面坯要求火力旺，厚的面坯要求火力小。操作时，必须按不同要求，掌握火力大小和温度高低。

二、常见的烙制品制作实例

油酥大饼

（1）原料

面粉 550 g，猪油 100 g，葱 10 g，姜片 5 g，花椒 2.5 g，大料 2.5 g，精盐 5 g。

（2）工艺流程

$$炸酥 \to 和面 \to 成型 \to 熟制$$

（3）制作过程

1）将猪油放入炒锅中，放入大料、花椒、葱、姜上火加热，待葱炸成焦黄色后，将花椒、大料、葱、姜捞出。炒锅离火，加入 50 g 面粉、精盐调匀，即为油酥面待用。

2）将 500 g 面粉加入清水 300 g 和匀扎透成面坯，将面坯揉成长条按扁，擀成一头稍窄，一头稍宽的等腰梯形片。将炸好的油酥面抹匀，顺势拉长，从小头向大头叠起成方形，用大头将其包严成圆形，擀成 0.7 cm 厚的圆形大饼。

3）饼铛烧热，擦少量油，将大饼上铛，两面烙成金黄色，饼身鼓起即熟。

（4）风味特点

外酥内软，饼薄层多，酥香味美。

（5）制作要点

饼坯叠好后要包严，擀制时两手用力要均匀，烙时饼才能鼓起，不跑气，易成熟。

第二部分 中式面点师中级

第八章

面点原料知识（二）

第一节 制馅原料

中式面点制作工艺中，凡是能用来制作馅心达到调节点心口味目的的原料，均可称为制馅原料。

一、畜、禽肉类

1. 猪肉

猪肉是中式面点制作工艺中使用最广泛的制馅原料之一。猪肉含有较多的肌间脂肪，肌肉的纤维细而软，制馅时应选用肥瘦相间、肉质丝缕短、嫩筋较多的前夹心肉。前夹心肉制成的馅，鲜嫩卤多，比用其他部位猪肉制成的馅滋味好。

2. 牛肉

肉质坚实，颜色棕红，切面有光泽，脂肪为淡黄色至深黄色。制作馅心一般应选用鲜嫩无筋络的部位。牛肉的吸水力强，调馅时应多加些水。

3. 羊肉

绵羊肉肉质坚实，色泽暗红，肉的纤维细软，肌间很少有夹杂的脂肪。山羊肉比绵羊肉色浅，呈较淡的暗红色，皮下脂肪稀少，质量不如绵羊肉。制作馅心一般应选用肥嫩而无筋膜的绵羊肉。

4. 鸡肉

鸡肉的肉质纤维细嫩，含有大量的谷氨酸，滋味鲜美。制馅一般选用当年的嫩鸡胸脯肉。

5. 肉制品

制馅使用的肉制品一般有火腿（如金华火腿）、香肠、酱鸡、酱鸭等。

用火腿制馅时，应将火腿用水浸透，待起发后熟制，去皮、去骨，切成小丁（按需要可拌入白酒）。用香肠制馅时，应按品种的具体要求，切片或切丁使用。用酱鸡、酱鸭制馅时，一般先去骨，再切丝或丁使用。

二、水产海味类

1. 大虾

大虾也称对虾、明虾。大虾外壳呈青白色，尾红，腿红，肉质细嫩，味道鲜美。调馅时，要去须腿、皮壳、虾线，洗净，按制品要求切丁或茸，调味即可（用虾制馅一般不放料酒）。另外，海米也是制馅原料。

2. 海参

海参是一种海产棘皮动物，有刺参、光参等种类。用海参制馅前，需先泡发，开腹去肠，洗净泥沙，再切丁调味。

3. 干贝

干贝是扇贝闭壳肌的干制品。以粒大、颗圆、整齐、丝细、肉肥、色鲜黄、微有亮光、面有白霜、干燥者为佳品。制馅时，需将其洗净，放入碗内加水上屉蒸透，再去掉结缔组织后使用。

4. 鱼类

鱼类有上千个品种。要选用肉嫩、质厚、刺少的鱼制作面点馅心。用鱼制馅，均需去头、皮、骨、刺，再根据点心品种的需要使用。

三、蔬菜类

1. 鲜菜类

可用于制作馅心的新鲜蔬菜种类较多。一般应具有以下特点：鲜嫩，含水量大。用新鲜蔬菜制馅，一般需要经过择、洗、切、脱水等初加工。

面点制作工艺中常用的新鲜蔬菜有白菜、菠菜、苋菜、韭菜、萝卜、冬瓜、茴香、西葫芦、南瓜等。

2. 干菜类

常用于制馅的干菜类原料有木耳、玉兰片、黄花菜等。这些菜在制馅前均须涨发。木耳应选用肉厚、有光泽、无皮壳者；玉兰片应选用质细、脆嫩者；黄花菜则以色金黄、未开花、有光泽、干透者为好。

四、干果类

1. 瓜子仁

瓜子仁简称瓜仁，是瓜子加工去壳后的子仁，种类有黑瓜子仁、白瓜子仁和葵花子仁。

（1）黑瓜子仁

黑瓜子仁也称西瓜子仁，为西瓜的种子（红色品种在内）去壳后的子仁。我国江西的信丰县、广西的贺州市出产的红色品种籽粒肥大，肉厚清香，久不霉变，是著名的传统特产。

（2）白瓜子仁

白瓜子仁也称南瓜子、金瓜子、角瓜子，是倭瓜（南瓜）、角瓜、白玉瓜和西葫芦等瓜子去壳后的子仁。我国北方广有出产，吉林、黑龙江等地出产的白瓜子较为著名，品种有雪白、光板、毛边、黄厚皮四种。其中，雪白和光板质量较好，毛边次之，黄厚皮较差。

（3）葵花子仁

葵花子仁为向日葵的籽实去壳后的子仁，是一种经济价值很高的油料作物。我国各地均有种植，以东北和内蒙古较多。葵花子以粒大、仁满、色青、味香者为品质优。

瓜子仁是制作五仁馅、百果馅的原料之一，可作为八宝饭、蛋糕等点心的配料。面点制作工艺中最常用的是黑瓜子仁、白瓜子仁、葵花子仁。瓜子仁以干洁、饱满、圆净、颗粒均匀者为佳。

2. 榄仁

榄仁为橄榄科植物乌榄的核仁，主产于福建、广东、广西、台湾等地。榄仁形状如梭，外有薄衣（红色），未褪红衣者称榄仁。焙炒后衣皮很容易脱落，仁色洁白略带牙黄色，肉质细嫩，富有油香味，是一种名贵的果仁。榄仁是南方制作五仁馅的原料之一。榄仁以颗粒肥大均匀、仁衣洁净、肉色白、脂肪足、破粒少的为品质好。

3. 松子仁

松子仁为松树的种仁，主要是红松（果松、海松）和偃松（爬地松）的种子，产于黑龙江省大、小兴安岭和东部林区，集中成片。松子仁一般在每年的9月上旬开始成熟。松塔素有秋分不落春分落的特性，因而采集时不能等待松塔自然脱落，需人工采集。

松子仁是北方制作五仁馅的原料之一。松子仁呈黄褐色，有明显的松脂芳香味，以颗粒整齐、饱满、洁净者为佳。

4. 芝麻

芝麻在我国除西北地区外，广有栽培。种子按皮色分有黑、白、黄三种，均以颗粒饱满均匀、色一致、无杂质者为好。芝麻经加热炒熟去皮为麻仁，是制作五仁馅的原料之一。

5. 白果（银杏）

白果是我国特产硬壳果之一，以核仁供熟食，主产于江苏、浙江、湖北、河南等地。

白果果实在10月成熟，有椭圆形、倒卵形和圆珠形。核果外有一层色泽黄绿、有特殊臭味的假种皮。收获后假种皮便腐烂，露出晶莹洁白的果核，敲开果核，才是玉绿色的果仁。优质品种有以下几种。

（1）佛指

佛指产于江苏泰兴，两头尖似橄榄，壳薄、仁大、核饱满、味甘美，为白果良种。

（2）梅核

梅核产于浙江长兴，俗称圆白果，形状像梅子核，颗粒较小，果仁软润甘甜，清香味美。

白果可做糕点配料。但是白果仁含有白果苷，可分解出毒素，食用不当会引起中毒，所以选用时应严格控制数量。

6. 花生

花生学名落花生，通常每年的9—10月上市，种子（花生仁）呈长圆形、长卵圆形或短圆形，种皮有淡红色、红色等。主要类型有普通型、多粒型、珍珠豆型和腰型四类。

花生去壳、去内衣为花生仁，以粒大身长、粒实饱满、色泽洁白、香脆可口、含油脂多者为佳，是制作五仁馅的原料之一。制馅时应先烤熟，去皮。花生仁是中式面点制作工艺中制作糕点馅心五仁馅、果子馅的主要原料。

7. 榧子仁

榧子仁又称彼子、玉棋、玉山果等，是我国特产的稀有珍果，主产于东南地区。品种较多，有香榧、米榧、圆榧、雄榧、芝麻榧5种。

榧子仁形似枣核，但较大，去壳、去衣后为榧子仁，肉为奶白至微黄色，较松脆，具有独特的香味，可作糕点配料。

8. 核桃

核桃为世界四大干果之一，又称胡桃、长寿果，原产于伊朗，现我国北方和西南地区均有种植。核桃每年7—9月成熟，外面是木质硬壳，里面是可供食用的果仁。

它的特点是含水分少，糖类、脂肪、蛋白质和矿物质含量丰富，营养价值很高，耐储存。核桃的品种很多，著名品种有以下几种。

（1）光皮绵核桃

光皮绵核桃主要产于山西汾阳，每年9月中旬成熟，果形有长有圆，料大壳薄，表面光滑，出仁率在59%左右，含油量在72%左右。

（2）露仁核桃

露仁核桃产于河北昌黎，外壳薄，种仁微露，易脱仁，出仁率为65%，含油量为76%。

（3）鸡爪绵核桃

鸡爪绵核桃产于山东，壳薄光滑，种仁饱满，出仁率为40%~54%，含油量为68%。

（4）阳平核桃

阳平核桃产于河南洛阳一带，壳薄，果实大，种仁饱满，产量较高，是河南的优良品种。

核桃仁是制作五仁馅的原料之一。以饱满、味醇正、无杂质、无虫蛀、未出过油的为佳品。一般先经烤熟，再加工制馅。

9. 杏仁

杏仁原产于我国。杏仁有苦、甜两种。苦杏仁多为山杏的种子，内蒙古多产苦杏仁。这种杏仁脂肪含量约为50%，并含有苦杏仁苷和苦杏仁酶，食用不当会引起食物中毒。食用前需要反复水煮、冷水浸泡去掉苦味。

甜杏仁中苦杏仁苷的含量很少，我国著名的品种有以下几种。

（1）龙王帽大扁

龙王帽大扁产于北京西部山区及辽宁等地。杏仁扁平肥大，仁肉质细，含脂肪56.7%，出仁率18%，每千克约340粒仁，是杏仁中颗粒最大的品种。

（2）巴旦杏仁

巴旦杏仁产于新疆喀什地区，世界四大干果之一。巴旦杏果肉干硬不可食用，但

杏仁重 1~5 g，有甜苦之分，甜者食用，苦者药用，有很高的营养价值。

杏仁是制作五仁馅的原料之一，既可炒食，也可磨粉做成杏仁饼、杏仁豆腐、杏仁酪、杏仁茶，还可做成各种小菜。同时它还是榨油、制药的优质原料。

10. 腰果

腰果为世界四大干果之一，又称鸡腰果。肉质松软，味道极似花生仁，可作糕点的馅心，也可作点缀之用。

11. 榛子

榛子为世界四大干果之一，又称山板栗、平榛子、毛榛子，是一种野生的名贵干果。主产于大兴安岭东南部和东北部林区。

榛子的果仁含油量达 45%~60%，高于花生和大豆，具有补气、健胃、明目的功效。果仁既是糖果、糕点的主要辅料，也是榨油的主要原料。

12. 板栗

板栗为落叶乔木，属山毛榉科植物，为我国原产干果之一。主要产区在我国北方，各地均有栽培，每年9—10月果实成熟。我国著名的品种有以下几种。

（1）京东板栗

京东板栗产于河北燕山山区。良乡是其集散地，因而又称良乡板栗。它个小、壳薄易剥、果肉细、含糖量高，在国内外市场上久负盛名。

（2）黑油皮栗

黑油皮栗产于辽宁丹东。它个头大，每个平均 10 g 以上，果壳色乌而有光泽，果实味醇，甘甜质细。

（3）泰安板栗

泰安板栗产于山东泰安。它含糖量高，淀粉含量在 70% 以上，入口绵软，甘甜香浓。

（4）确山板栗

确山板栗产于河南确山县，栗果苞皮薄，个头大，色泽好，饱满且匀实，产量高且稳定，曾被评为全国优良品种，有"确栗"之称。

板栗可做点心、栗羊羹等。保存板栗最好的方法是在凉爽的地方沙埋。板栗怕风干受热。

13. 莲子

莲子由莲花的子干制而成，有湘莲、湖莲、建莲等品种。莲子外衣呈赤红色，圆粒形，内有莲心。用莲子制馅前，要先去掉赤红色外衣，再去掉莲心。

五、水果花草类

1. 鲜水果

中式面点制作工艺中常用的鲜水果类原料主要有苹果、梨、山楂、樱桃、荔枝、香蕉、猕猴桃、草莓、橘子等。它们既可以制馅、制酱包于面坯内，又可点缀于面坯表面，起装饰、调味的作用。

（1）苹果

苹果因品种不同有大小之分。一般呈圆、扁圆、长圆、椭圆形，分青、黄、红等颜色。

苹果按成熟期可分为伏苹果和秋苹果。伏苹果每年6月开始上市，特点是果实质地松轻，味多带酸，不耐储藏，产量较少。秋苹果分早秋和晚秋两类：早秋品种大多9月成熟，果实有软硬之分，味多甜中带酸，耐储运；晚秋品种一般于10月成熟，果实质地坚硬，脆甜稍酸，便于储藏。

（2）梨

梨为我国原产，是一种生长适应性较强的水果。果皮有黄白色、褐色、青白色或暗绿色等，果肉近白色，质地因品种而有差异，一般坚硬脆嫩，味有甜酸之别，汁有多少之分。

（3）山楂

山楂又名红果，为我国原产。常见的品种有敞口山楂、大金星、圆果山楂、方果山楂、豫北红等。山楂皮红肉白，果肉酸甜，是较好的制馅原料。

（4）樱桃

樱桃果实小，外观呈球形，颜色鲜红。代表品种有我国的短柄樱桃等。特点是肉质厚，汁多，味甜酸适度。

（5）荔枝

荔枝为我国原产，最早产于广东，在南方分布较广。果实呈心形或圆形，果皮多数具有鳞斑突起，颜色有鲜红、紫红、青绿和白色等。代表品种有三月红、糯米糍、桂味等。

（6）香蕉

香蕉原产于亚洲南部，我国最早在华南地区种植，后在南方各地普遍栽培，以广东最多。其肉质熟时呈淡黄色，果皮易剥落，无种子，汁少味甘，柔软芳香。主要品种包括香芽蕉、鼓槌蕉、糯米蕉、暹罗蕉等。

（7）猕猴桃

猕猴桃原产于我国。猕猴桃果肉呈绿色或黄色，有多排黑色的种子，具有甜瓜、草莓、橘子的香味，是较好的盘饰原料。

（8）草莓

草莓原产于南美洲，我国南北各地均有种植，已成为主要的产区。草莓表皮鲜红带有白色颗粒，果肉粉红，口味甜爽，是较好的制馅、盘饰原料。

（9）橘子

橘子原产于我国，主要分布于华南各省。橘皮极易剥落，果实呈月牙状，抱合成扁圆形，为鲜橙色、橙黄或黄色，口味酸甜。主要品种有四川红橘、浙江黄岩蜜橘、江西南丰蜜橘等。

2. 蜜饯、果脯

蜜饯与果脯习惯混称，是将水果用高浓度的糖液或蜜汁浸透加工而成的，分为带汁和不带汁两种。

带汁的含水分较多，鲜嫩适口，表面比较光亮湿润，多浸在半透明的蜜汁或浓糖液中，故习惯称蜜饯。有蜜枣、苹果脯、梨脯、橘饼等。

不带汁的是通过煮制加入砂糖浓缩干燥而成的，含水分少，习惯称为果脯。有青丝、红丝、青梅、瓜条等。

3. 花草类

（1）桂花酱

桂花酱是鲜桂花经盐渍后加入糖浆制成的，以金黄、有桂花盐渍的芳香味、无夹杂物者为佳。

（2）糖玫瑰

糖玫瑰是鲜玫瑰花清除花蕊等杂质后，用糖揉搓，再将玫瑰、糖分层码入缸中，经密封、发酵后制成的。

六、琼脂

琼脂又称洋粉、冻粉、琼胶。它是植物胶的一种，用海产的石花菜类制成。根据制法不同，琼脂有条状、片状、粉状之分。品质优良的琼脂，质地柔软、洁白、半透明、纯净干燥、无杂质。凡灰白色并带有黑色的琼脂质量较差。

第二节 常用的辅助原料

中式面点制作工艺中，能够辅助主坯原料成坯，改变主坯性质，使成品美味可口的原料，称为辅助原料（简称辅料）。常用的辅料有糖、盐、乳、蛋和油脂等。

一、糖

中式面点制作工艺中常用的糖主要有蔗糖、饴糖和蜂蜜。

1. 蔗糖

蔗糖包括白砂糖、绵白糖、冰糖和红糖等。

（1）蔗糖的性状

1）白砂糖。色泽洁白明亮，晶粒整齐，均匀坚实，水分、杂质、还原糖的含量均低。由于生产中经过漂白、脱色，因而是蔗糖中的佳品。白砂糖具有熔点高，晶粒粗大的特点。可以用来做点心的"冰花"装饰，如制作"冰花蛋球"等。但用其制作烤制品，相对不易上色。

2）绵白糖。色泽洁白而带有光泽，晶粒细小而绵软，溶化快，易达到较高浓度。面点制作工艺中常用绵白糖与面粉一起混合调制主坯；还可以用作装饰花色点心，以求清爽、沙甜，如制作"荷花酥""芙蓉糕"等。

3）冰糖。色白透明，成结晶块，颗粒粗大、坚实。它是白砂糖的再结晶产品。面点制作工艺中常用于制作馅心，食用时发出清脆声。

4）红糖。呈赤褐色或黄褐色，为颗粒状或块状，略带糖蜜味，营养丰富，含铜、铁等矿物质较多。红糖本身所含的色素较多，所以能改变面点的色泽。在面点制作工艺中使用时，应先将其溶成糖水，滤去杂质后再用。

（2）蔗糖的作用

1）增加甜味，调节口味，提高成品的营养价值。

2）供给酵母菌养料，调节面坯发酵速度，使酵母膨松性面坯起发增白。

3）改善点心的色泽，美化点心的外观。调节主坯面筋的胀润度，保持成品的柔软性。

4）具有一定的防腐作用，能延长成品的保存期。

2. 饴糖

饴糖的主要成分是麦芽糖，因而人们也常称其为麦芽糖。广式点心制作工艺中还称其为米稀或糖稀。

（1）饴糖的性状

色泽较黄，呈半透明状，具有高度的黏稠性，甜味较淡。用大米制得的饴糖，色黄、质量好；用白薯淀粉为原料制得的饴糖，色较深，气味、质量较差。

（2）饴糖的作用

1）增进面点成品的香甜气味，使成品更具光泽。

2）提高制品的滋润性和弹性，起绵软作用。

3）抗蔗糖结晶，防止上浆制品发烊、发砂。

3. 蜂蜜

蜂蜜又称蜂糖，为黏稠、透明或半透明的胶状液体。品质优良的蜂蜜用水调制静置一天，没有沉淀物。蜂蜜含有丰富的糖、铁、铜、锰等营养物质，因而具有提高成品营养价值的作用。另外，它还可以增进点心的滋润性和弹性，使成品膨松、柔软，独具风味。

二、盐

1. 盐的性状

盐一般分为粗盐、洗涤盐和再制盐。

（1）粗盐

粗盐是从海水中直接制得的食盐晶体。颗粒粗大，难于溶解，含杂质较多，略带苦涩味。

（2）洗涤盐

洗涤盐是粗盐经水洗涤后的产品。洗涤盐颗粒较小，易于溶解。

（3）再制盐

再制盐又称精盐。是粗盐经溶解、饱和、除杂、再蒸发后的产品。再制盐晶体呈粉末状，颗粒细小，色泽洁白，含杂质少。

2. 盐的作用

（1）盐可改变主坯面筋的物理性质，增强主坯的筋力，如在押面主坯中放适量的盐，可使主坯更有筋力，劲大。

（2）盐的渗透压作用可使主坯组织结构变得细密，使主坯显得洁白。

（3）盐可促进或抑制酵母的繁殖，达到调节主坯发酵速度的作用。

三、油脂

1. 油脂的性状

中式面点制作工艺中常用的油脂有猪油、黄油、植物油。

（1）猪油

猪油又称大油，呈白色软膏状，有光泽，味香，无杂质，约99%为脂肪。中式面点制作工艺中常用其制作酥皮类、单酥类的点心。用其炸制食品，成品色泽较白。

（2）黄油

黄油色淡黄，常温下呈软膏状，具有特殊的香味，有良好的乳化性、起酥性和可塑性。面点制作工艺中常用其制作起酥类的点心，效果较好。

（3）植物油

植物油色泽一般较深，呈液态，有植物本身特有的气味，凝固点一般较低。面点制作工艺中常用于拌馅和作为熟制时的传热媒介。

2. 油脂的作用

（1）增加香味，提高成品的营养价值。

（2）使面坯润滑、分层或起酥发松。

（3）其乳化性可使成品光滑、油亮、色匀，并有抗"老化"作用。

（4）降低黏着性，便于工艺操作。

（5）作为传热介质，使成品达到香、脆、酥、松的效果。

四、牛乳及其制品

1. 牛乳及其制品的性状

中式面点制作工艺中常用的牛乳及其制品有牛乳、炼乳和乳粉。

（1）牛乳

牛乳呈不透明的乳白色（或白中微黄），有乳香味，无苦涩味、酸味、鱼腥味，加热后不发生凝固现象。面点制作工艺中用牛乳调制主坯或拌馅，不仅可使成品有乳香味，且可使成品色白。

（2）炼乳

炼乳有甜炼乳和淡炼乳两种。它是牛乳经消毒、浓缩、均质而成，有奶香味和良好的流动性，组织细腻，色白或淡黄。

（3）乳粉

乳粉有全脂乳粉和脱脂乳粉两种。它是牛乳经浓缩和喷雾干燥后制成的粉粒。色较白，有乳香味。

2. 牛乳及其制品的作用

（1）提高面点制品的营养价值。

（2）改善主坯性质，提高产品的外观质量。

（3）增加成品的奶香味，使其风味清雅。

（4）提高成品抗"老化"能力，延长成品的保存期。

五、鲜蛋

1. 鲜蛋的性状

中式面点制作工艺中最常用的鲜蛋是鸡蛋、鸭蛋。鹌鹑蛋一般使用较少。

鲜鸡蛋的蛋白为无色透明的黏性半流体，显碱性；蛋黄呈黏稠的不透明液态，密度较小，常显弱酸性，色泽淡黄或深黄。

2. 鲜鸡蛋的作用

（1）提高成品的营养价值，增加成品的天然风味。

（2）蛋清的发泡性能改变主坯的组织状态，提高成品的疏松度和柔软性，如各式蛋糕即是利用这一性能制成的。

（3）蛋黄的乳化性能可提高成品的抗"老化"能力，延长成品保存期。

（4）蛋液可改变面坯的颜色，增加成品的色彩，如各式烘烤类点心，入炉前在其表面刷上一层蛋液，即是为了使成品色泽金黄发亮。

第三节　面点原料的保管

一、引起原料变质的原因

1. 物理因素

（1）温度

温度过低会使某些原料冻坏、变软、溃烂；温度过高，又会使原料的水分蒸发，干枯变质，并加速各种生理、生化变化及各种物质成分间的化学反应。过高的温度还有利于微生物、害虫的繁殖和生长，引起原料霉烂、腐败变质或虫蛀。

（2）湿度

潮湿的空气可引起一些原料的发霉变质，也可以引起一些原料的结块或虫蛀；而干燥的空气可能引起一些原料失水而减重、萎蔫。

（3）阳光

阳光照射会引起原料的褪色、变色、营养损失或滋味变坏；有的粮食和蔬菜在阳光下可因温度升高而发芽。

2. 化学因素

（1）自然分解

某些动、植物原料含有组织分解酶。采收后的这些原料，因机体不能再进行呼吸活动，组织分解酶便开始活动，原料发生自然分解，使组织变软、出水。例如，家禽宰杀后，肌肉组织由于分解酶的作用，在经过僵直、成熟阶段后，即进入自溶、腐败阶段。

（2）氧化作用

空气引起的氧化作用是导致烹饪原料质量变化的主要因素。有些原料长期与空气接触，就会因氧化而变质。

3. 生物因素

（1）微生物的作用

微生物的作用主要是由霉菌、某些细菌和酵母菌引起的，它们的活动性与温度、湿度、酸碱度有很大关系。霉菌的活动性较强，喜湿热环境，原料受潮会发生霉变；细菌侵入原料会引起原料的腐败变质；而酵母菌普遍存在于自然界中，有引起发酵的特性，它对原料的品质既有有利的一面，又有不利的一面。

（2）昆虫的作用

原料遭虫蛀后，轻则破坏外观，降低质量；重则完全败坏变质，不能食用。

二、原料储藏、保鲜的主要方法

根据在流通中影响原料质量变化的因素，原料储藏、保鲜的主要方法有以下几种。

1. 控制温度的储藏方法

此类储藏方法包括低温储藏和高温杀菌储藏。

2. 控制相对湿度、水分活度和渗透压的储藏方法

此类储藏方法包括干燥储藏、腌制储藏和烟熏储藏等。

3. 控制气体成分的储藏方法

此类储藏方法包括气调储藏、真空储藏、充氮储藏和减压储藏。

4. 利用电磁波杀菌的储藏方法

此类储藏方法包括紫外线消毒、微波杀菌和辐射加工处理。

5. 利用化学物质杀菌和除氧的储藏方法

此类储藏方法包括使用防腐剂、杀菌剂、抗氧化剂和脱氧剂储藏等方法。

三、粮食的保管

粮食是有生命的活体，它不断进行着新陈代谢，并时刻受到外界环境的影响。粮食保管时应做到以下几点。

1. 控制粮温的变化

粮食在呼吸过程中放出热，同时它又是热的不良导体，聚集在粮堆中的热不易散发，可引起粮温升高，导致粮食发热、发霉。当粮温上升到34~38 ℃时，会出汗发芽，黏性增加；当温度升至50 ℃时，会发臭、发酸，颜色由黄转为黑红，失去食用价值。

2. 控制储藏环境的湿度

粮食具有吸湿性，在潮湿环境中可吸收水分，体积膨胀，若遇到适宜的湿度，就会发芽。粮食水分增加，还会促进呼吸作用，加剧发热、发霉，并易引起虫害。

另外，粮食中的蛋白质、淀粉具有吸收各种气味的特性，保管中要避免将其与散发异味的物质放在一起。

四、馅心原料的保管

1. 肉类

肉类保管的目的在于保持最好的新鲜度。

（1）鲜肉

鲜肉指屠宰后经冷却，但未经低温冷冻的畜禽肉，即冷却肉。冷却肉一般要放入冰箱的冷藏室中保存，使肉的周围保持适宜的湿度和温度，防止空气中的二氧化碳对肉表面血红素产生变色作用，使肉保持鲜红的色泽。

（2）冻肉

冻肉是指在 –23 ℃低温下冻结后，又在 –18 ℃的低温下储存一段时间的肉。冻肉应随加工随解冻，解冻之后的肉，肉色变白，肉汁流失，难以保存。因此，冻肉必须存放在冰箱的冷冻室中。

2. 活鲜水产品

（1）活水产品的保管

保管活水产品的目的在于使之不死或少死。这主要取决于水中的含氧量。当含氧量低到一定程度时，就会阻碍水产品的呼吸，使水产品窒息死亡。水中的含氧量与温度有密切的关系，水温越高，氧气的溶解度越低，同时温度高增强了水产品的生理活动，加快了氧的消耗。因此，保管时水温要低，且水质要清洁。

（2）鲜水产品的保管

鲜水产品的保管主要是利用低温保鲜。常用的方法有冰藏法、冷却海水保鲜法和冻藏法，基本原理都是利用低温抑制微生物的活力，抑制其体内酶的活性。

3. 蔬果

新鲜蔬果是有生命的个体，也是一类易腐坏的原料。

蔬果类原料在储存过程中，由于本身有呼吸、后熟、衰老等一系列生理变化，会使蔬果的质量降低。同时微生物的侵染也会引起蔬果的腐败变质。因此，保管新鲜蔬果应控制温、湿度，创造适宜的环境。这样一方面能保持蔬果正常限度的生命活动，减少营养物质的消耗，延长储存期；另一方面，也抑制了微生物的生长繁殖，防止蔬果腐烂变质。

4. 干货制品

干货制品由于经过脱水干制，含水量仅为脱水前的10%~15%，一般能长时间存放。但是，若储存条件不适宜或包装较差，也会发生受潮霉变和变色现象，造成品质降低。

干货原料在储存保管中应注意以下三点。

（1）包装应具有良好的防潮性，用塑料薄膜包装较好。

（2）储存环境应凉爽干燥，低温、低湿。

（3）切忌与潮湿物品同存或直接码放在地面上，以防受潮。

五、辅料的保管

1. 油脂

油脂的变质主要是酸败。在酸败过程中，油脂会产生哈喇、苦、酸和辛辣等异味，同时油脂的色泽也会发生改变，透明度降低，混浊不清，沉淀物增多。

油脂的变质是由多方面原因引起的。为了防止其酸败变质，在保管中应注意以下几点。

(1) 避免日光直接照射。

(2) 注意清洁卫生，防止微生物污染。

(3) 尽量将其与空气隔绝，避免氧化。

(4) 避免使用含铜、铁、锰等元素的器皿和塑料容器长期存放油脂。

(5) 油脂中水分应保证不超过 0.5%~1%。

(6) 动物油脂应低温保存。

2. 糖

由于糖具有怕潮、吸湿、结块、干缩、吸收异味及变色的特性，储存时应注意选择干燥、通风的环境，相对湿度 60%~65%，温度以常温为好。

3. 盐

由于盐吸湿性较强，易发生潮解、干缩和结块现象，保管食盐时要求环境干燥、通风、卫生清洁，相对湿度为 70%。要避免用金属容器存放食盐。

4. 鲜蛋

鲜蛋保存中有"四怕"，即：一怕水洗，二怕高温，三怕潮湿，四怕蚊子、苍蝇叮咬。鲜蛋保存时，应采用低温保存，不用水洗，保持干燥，保证环境卫生。

六、食品添加剂的保管

大多数食品添加剂在潮湿、高温或阳光下暴晒会失效、变色，有的甚至可能引起爆炸。所以，食品添加剂一般应存放于避光、阴凉、干燥处，必要时还必须密封保存。

第九章

制馅工艺（二）

第一节　常用甜馅原料的初加工

一、选料和初加工

甜馅多以糖、油和各种豆类、鲜果、干果、蜜饯以及果仁等作为原料，配合使用。这些原料容易被虫伤鼠害，引起霉烂变质。选用与初加工时，对已发生霉烂变质的部分务必去掉，并要除去泥沙、杂物。这些原料有皮、核、壳等不能食用的部分，也要加工去除。如核桃仁，要去掉硬壳；莲子要去掉外皮、苦心；枣要去掉皮、核；葡萄干要去掉蒂部等。这些甜馅原料的初加工要非常细致，认真做好。

二、加工成型

甜馅原料以碎小为好，一般分为泥蓉和碎粒两种。泥蓉是将原料用不同的加工方法，如蒸、煮、焖烂成泥，或挤压、筛洗、过罗成泥，然后经过澄沙、加糖、加油，适当吸干水分，增加亮度和滋味。

碎粒就是将原料斩细剁碎。大部分原料在剁碎之前要经过水泡、油炸、炒熟等过程。为了使馅心达到色、香、味、形俱佳的要求，在操作过程中，要注意火候，不能过大或过小，要恰到好处。

三、甜馅原料刀工的基本要求

一般来说,面点制作的刀工分为粗料加工和细料加工。粗料加工是指原料在初步加工时所使用的方法;细料加工是指最后决定原料形状的各种方法。刀工技术不仅决定原料最后的形状,而且对馅料制成后的色、香、味、形及卫生方面都有着重要的作用。甜馅类原料的刀工要求是整齐划一、粗细均匀、薄厚一致,并要掌握以下几个原则。

1. 要配合点心的要求

不同品种的点心对馅心的要求也存在着很大的差异,但面点中所用的甜味料,一般以细碎为好,否则不易包制。

2. 要掌握原料的性能

干果类原料质地硬,所以在加工时不宜剁碎,以切碎为佳;有些果脯类原料品质很黏,所以在切的时候,也不宜剁切,应加些烤熟的米粉或面粉用刀研碎,以减低黏着性。

第二节　常见的甜馅品种

甜馅大多用干果类原料配果脯、白糖等制作而成。多数的甜馅在工艺中要求有一段静置时间,以保证干果类原料充分吸收水分。根据加工工艺,甜馅可分为生甜馅和熟甜馅两类。

一、生甜馅

1. 桂花白糖馅

(1)原料

桂花 100 g,白糖 500 g,面粉 200 g,板油 75 g。

(2)制作方法

1)桂花拣去枝叶等杂物,放入白糖内搓擦均匀待用。

2）面粉上屉，垫干布蒸熟，冷却后用面杖擀碎、过罗即成熟面粉。

3）板油去衣，用刀背剁成泥待用。

4）将板油和熟面粉拌入白糖内搓擦均匀，软硬适当后（如馅松散可略加水搓擦），即成桂花白糖馅。

（3）特点

甘甜可口，有浓郁的桂花香味。

（4）制馅要领

1）拌馅时水不宜放多。

2）如制作烤制品，馅内可多加 50 g 熟面粉，以免漏糖。

2. 茉莉白糖馅

（1）原料

茉莉花瓣 75 g，白糖 500 g，熟面粉 175 g，板油 75 g。

（2）制作方法

1）将茉莉花瓣挑洗干净，用白糖擦透，腌渍片刻待用。

2）板油去衣剁成泥，与熟面粉（制法见桂花白糖馅）一起拌入糖内搓擦均匀（如太松散可略加水），即成茉莉白糖馅。

（3）特点

甘甜可口，有浓郁的茉莉花香味。

（4）制馅要领

花瓣要与白糖拌透搓匀后再加入其他原料。

3. 生拌椰蓉馅

（1）原料

椰蓉 500 g，白糖 750 g，猪油 100 g，鸡蛋 500 g，牛奶 250~300 g。

（2）制作方法

1）椰蓉放入盆内，加入白糖、猪油、鸡蛋、牛奶 150 g 拌匀拌透后静置（使椰蓉吸水）。

2）将其余的牛奶倒入馅中，拌透即成。

（3）特点

清香、甘甜，奶香味浓郁。

（4）制馅要领

如欲提高馅的档次，可在馅中加榄仁 100 g，冰肉 100 g。

小提示

冰 肉 制 法

取 500 g 肥膘肉切成 0.5 cm 见方的小片,用汾酒 25 g 拌匀,放入盆内,加入白糖 400 g 拌匀,腌渍一天以上即成。用时可进一步切成小丁。

4. 黑芝麻蓉馅

(1)原料

黑芝麻 100 g,板油 75 g,白糖 250 g,熟面 40 g,熟浆 25 g。

(2)制作方法

1)黑芝麻洗净,用小火炒香,擀成碎末。

2)板油剁成泥,待用。

3)将芝麻末、板油、白糖、熟面、熟浆混合,搓擦均匀,至有黏性即成。

(3)特点

甘香可口。

小提示

熟浆的制法

糯米粉加水和成粉坯,用沸水煮熟,即成熟浆。

5. 五仁甜肉馅

(1)原料

杏仁 500 g,橘饼 125 g,瓜子仁 200 g,芝麻 100 g,核桃仁 750 g,榄仁 500 g,肥膘肉 500 g,糕粉 300 g,糖玫瑰 100 g,汾酒 10.5 g,清水 200 g,白糖 750 g,花生油适量。

(2)制作方法

1)将肥膘肉切成小方丁,用白糖、汾酒腌渍。

2)杏仁用水浸泡后剥去外衣切碎。

3)瓜子仁、芝麻上火炒香,榄仁、核桃仁稍烤一下切碎(也可用油炸),橘饼切成小粒,将糖玫瑰用水洗出糖液,捞出玫瑰冠剁碎。

4)将肥膘、杏仁、瓜子仁、核桃仁、榄仁、橘饼、玫瑰、芝麻均放在案台上,加入玫瑰的糖液和清水、糕粉等拌匀(拌馅时下水量要看馅的软硬),最后加入花生油再次拌匀即成。

(3)特点

表面柔润,口感甜香。

(4)制馅要领

1)拌馅时水要适当,太多则馅软,成品不易成型;太少则馅硬,不滋润,成品发硬。

2)肥膘肉一定要用糖、酒腌渍透,才能保证甘香。

3)馅料颗粒不宜太大,否则影响上馅后的包捏。

4)各种原料一定要混合均匀,馅制成后要保证有充分的吸水时间。

二、熟甜馅

1. 豆沙馅

(1)原料

红小豆 500 g,白糖 500 g,糖玫瑰 50 g,花生油 150 g。

(2)制作方法

1)红小豆去杂物、洗净,放入锅中加水煮烂。

2)用粗眼铁丝罗去皮洗沙,然后盛入布袋压干水分。

3)豆沙、白糖放入锅内,上火加热,用木铲边炒边铲,豆沙沸后减小火力。炒至豆沙基本浓稠时,分4次加入花生油(每次须将油全部炒进豆沙馅后再放下一次)。最后加入糖玫瑰,炒至豆沙呈浓厚状态,不粘手为止,即成豆沙馅。

(3)特点

甜糯细软。

(4)制馅要领

1)煮豆时水要宽,避免糊底。

2)炒沙时,表面沸腾后要降低火力。用小火翻炒,使水分逐渐蒸发,糖分和油脂逐渐吸入豆沙内。否则馅不细滑,且可能出现翻沙、渗油现象。

2. 莲蓉馅

(1)原料

湘莲子 2 500 g,白糖 3 000 g,猪油 750 g,花生油 350 g,澄粉 500 g。

（2）制作方法

1）湘莲子放入盆内，加入清水入笼屉蒸至绵烂。出锅后用铜丝罗过滤成蓉待用。

2）将莲蓉放入铜锅内，加入白糖，上火烧沸后，降低火力，边煮边铲，铲至浓稠状，将花生油和猪油分数次加入（每次须将油全部炒入莲蓉后再加下一次）。最后将澄粉筛入锅中，炒至均匀、不粘手即成。

（3）特点

醇香柔软，甘甜细滑。

（4）制馅要领

1）炒馅时要先用旺火，沸后改用慢火，否则莲子易糊底，冷却后会发硬、翻沙。

2）油要分几次加入锅内，每次要等油全部与莲蓉融合后，再加下一次，使水分逐渐蒸发，油脂逐渐渗入馅中。

3. 旸樱馅

（1）原料

鸡蛋 500 g，黄油 75 g，白糖 500 g，牛奶 150 g，奶粉 25 g，香草粉 5 g。

（2）制作方法

1）鸡蛋液放入盆内，加入白糖、牛奶、黄油、奶粉，用蛋抽子搅打均匀。

2）将盛放蛋液的盆放在热水上，搅化糖和黄油，原料发热后取出，倒入长方盘内，上笼屉蒸，边蒸边搅（每隔 5 min 开笼搅一次，搅匀搅透），搅至原料全部凝结呈浓稠状，出笼加入香草粉搅匀。

3）将馅过铜丝罗即成。

（3）特点

嫩滑香甜。

（4）制馅要领

1）盛放容器以钢制品为佳。用铁质容器会使馅变黑。

2）蒸馅时用中火，忌大火。否则馅会起蜂窝、质地老，并且搅馅时会有出水现象，使馅质粗糙。

3）蒸馅要每 5 min 搅一次，忌一次蒸熟成羹。

4）馅蒸熟后，必须过铜丝罗，去掉杂物，以保证馅质细腻。

4. 麻蓉馅

（1）原料

芝麻 250 g，白糖 300 g，麻油 50 g，熟面粉 50 g。

（2）制作方法

1）将芝麻炒香，制成细末。

2）芝麻、熟面粉、白糖、麻油一起放入盆中，拌匀，搓擦至无糖块即成。

（3）特点

芝麻味香浓。

（4）制馅要领

可用麻油加入量的多少调节馅心的干湿，馅心太干易散碎。

5. 枣泥馅

（1）原料

红枣 500 g，白糖 375 g，澄粉 25 g，猪油 13 g。

（2）制作方法

1）红枣洗净，放入盆内加清水上笼蒸烂。控干水分，去皮核，过罗成泥状。

2）铜锅或不锈钢锅上火，放入枣泥、白糖、猪油，用中火煮沸，边煮边铲炒至浓稠状，筛入澄粉，铲匀至光润即成。

（3）特点

醇甜柔软，枣香味浓。

6. 果脯馅

（1）原料

果脯 500 g，白糖 250 g，猪油 50 g，熟面粉 100 g，金糕 50 g，麻油 50 g。

（2）制作方法

将各种果脯切成小丁（注意口味、色泽的搭配），然后与白糖、熟面粉、猪油、麻油搓匀，最后将金糕切成小丁放入馅中拌匀即可。

（3）特点

甘甜利口，有果香味。

（4）制馅要领

一般可根据品种的特点，以熟面粉的多少调节馅心的软硬。

7. 奶黄馅

（1）原料

鸡蛋 500 g，白糖 1 000 g，面粉 250 g，鲜牛奶 500 g，食用柠檬黄色素、香兰素少许。

（2）制作方法

将鸡蛋液倒入蛋桶内打匀，加入鲜牛奶、白糖，待溶化后加入面粉（缓缓放入，

边放边搅拌,防止出现生粒)、食用柠檬黄色素、香兰素,继续打匀后用净盆盛起,放在蒸笼屉内边蒸边搅(约间隔 5~6 min 搅一次,以中火蒸制为好),蒸约 1 h,蒸搅成糊状即可。

(3)特点

色泽鲜亮,甜香软滑,有浓郁的奶香味。

(4)制馅要领

1)蒸馅时火力不宜太旺。

2)蒸馅时必须每隔 5~6 min 搅一次,否则馅不细腻。

第十章

面坯调制工艺（二）

第一节　生物膨松面坯

一、概述

1. 概念

生物膨松面坯是指在面坯中放入酵母菌（或面肥），酵母菌在适当的温度、湿度等外界条件和自身淀粉酶的作用下，发生生物化学反应，使面坯充气，形成均匀、细密的海绵状结构的面坯。行业中常常称其为发酵面坯。

2. 特性

体积疏松膨大，结构细密、暄软，呈海绵状，味道香醇适口。

3. 制作工艺

生物膨松面坯是中式面点工艺中应用最广泛的一类大众化面坯，全国各地根据本地区的情况，均有自己习惯的制作工艺方法，在下料上也略有不同。下面介绍几种常见的制作工艺方法。

（1）压榨鲜酵母工艺方法

取 20 g 压榨鲜酵母，加入适量温水，用手捏和成稀浆状，再加入 1 000 g 面粉，加入适量的水、糖和成面坯，静置醒发后即可。

采用压榨鲜酵母发酵工艺应该注意两点：第一，稀浆状的发酵液不可久置，否则易酸败变质；第二，压榨鲜酵母不能与盐、高浓度的糖液、油脂直接接触，否则会因

渗透压的作用破坏酵母细胞,影响面坯的正常发酵。

(2)活性干酵母工艺方法

将 10 g 干酵母溶于 500 g 温水中,加入 10 g 糖(或饴糖)、500 g 面粉和成面坯,盖上一块干净的湿布,静置醒发,直接发酵。

(3)面肥发酵面坯工艺方法

取面肥 50 g,加入温水,和成均匀的面肥溶液,再加入 500 g 面粉混合均匀,揉和成面坯,静置醒发,直接发酵。

以上生物膨松面坯在调制好后,可根据醒发时间的长短,分为嫩酵面、大酵面。

4. 注意事项

(1)严格掌握酵母与面粉的比例

酵母的数量以面粉数量的 2% 左右为宜。

(2)严格掌握糖与面粉的比例

适量的糖可以为酵母菌的繁殖提供养分,促进面坯发酵。但糖的用量不能太多,因为糖的渗透压作用也会妨碍酵母繁殖,从而影响发酵。

(3)严格掌握水与面粉的比例

含水量多的软面坯,产气性好,持气性差;含水量少的硬面坯,持气性好,产气性差。所以水、面的比例以 1∶1 为宜。

(4)根据气候情况采用合适的水温

温度对面坯的发酵影响很大,气温太低或太高都会影响面坯的发酵。冬季发酵面坯,可将水温适当提高;夏季则应该使用凉水。

(5)严格控制发酵温度

25~35 ℃ 是酵母发酵的理想温度。温度太低,酵母繁殖困难;温度太高,不但会使酶的活性加强,使面坯的持气性变差,而且有利于乳酸菌、醋酸菌的繁殖,使制品酸性加重。

二、常见的生物膨松面坯品种制作实例

1. 刀切馒头

(1)原料

面粉 1 000 g,面肥 150 g,食用碱 10 g。

(2)工艺流程

和面→发酵→对碱→揉面→搓条→成型→熟制

（3）制作过程

1）先将 750 g 面粉放在案台上，开成窝形，加入 150 g 撕碎的面肥，再加入 300 g 清水，揉和成团，盖上洁净的湿布，静置发酵。

2）面坯发起发足后，将剩余的 250 g 面粉放在案台上，把发起的面坯放在面粉上撑开，加入适量碱水，揉匀揉透，直至全部面粉揉进、面坯表面光滑为止。放置醒发片刻。

3）将加好碱的发面主坯搓成粗细均匀的长条，用刀从左至右切成重约 60 g 的生坯。

4）将生坯整齐有间隙地排放在铺有湿布的笼屉上，盖上屉帽，上蒸锅，用旺火蒸约 20 min，暄起不粘手时即可起笼食用。

（4）风味特点

色泽洁白，形状饱满，松软光滑，气孔细密，弹性良好。

（5）制作要点

面坯起发适度，投碱量要准确。

2. 鲜肉包

（1）原料

面粉 500 g，面肥 200 g，小苏打适量，猪肉 500 g，酱油 100 g，葱花 100 g，麻油 50 g，姜末 10 g，精盐、味精适量。

（2）工艺流程

和面→揉面→搓条→下剂→制皮→上馅→成型→熟制

制馅 ———————————————↑

（3）制作过程

1）把猪肉剁成馅，加入酱油、姜末、精盐、味精拌匀，再加入 250 g 清水，顺着一个方向搅拌，直至肉馅呈黏稠状，然后放上葱花、麻油，拌匀待用。

2）将面粉放在案台上开成窝形，加入面肥、小苏打、250 g 温水和成面坯，揉匀揉透，稍醒。

3）将醒好的面坯搓成长条，揪成重约 35 g 的剂子，擀成圆形皮子，左手托皮，右手用馅尺抹约 30 g 的馅心略收拢，用右手拇指和食指沿边提褶收口，捏成圆形包子。

4）将包好的生坯稍醒片刻，放入屉内用旺火蒸制 10 min 左右。

（4）风味特点

色泽洁白，外形褶匀美观，皮薄馅嫩，口味鲜咸香。

（5）制作要点

1）制馅加水时，要边加边搅，不要一次都加进去，保证馅心油润鲜嫩。

2）皮均馅正，提褶均匀，不漏汤汁。

3. 素菜包

（1）原料

面粉 500 g，面肥 100 g，小苏打适量，豆芽菜 500 g，油菜 200 g，水发粉丝 100 g，水发香菇、水发木耳各 50 g，麻油 75 g，精盐 10 g，味精 7.5 g，胡椒粉 5 g。

（2）工艺流程

和面→揉面→搓条→下剂→制皮→上馅→成型→熟制

制馅 ————————————————↑

（3）制作过程

1）将豆芽菜、油菜择洗干净，用开水烫一下，过凉水后用刀切碎，用布挤干水分放入盆内。水发粉丝切成小段，水发香菇、水发木耳切成小碎粒，放入豆芽菜、油菜内，加入精盐、味精、胡椒粉，淋上麻油拌匀待用。

2）将面粉放在案台上开成窝形，加入面肥、小苏打、250 g 温水和成面坯，揉匀揉透，稍醒。

3）将醒好的面坯搓成长条，揪成重约 35 g 的剂子，擀成圆形皮子，左手托皮，右手用馅尺抹约 30 g 的馅心略收拢，用右手拇指和食指提褶收口，捏成圆形包子。

4）将包好的生坯放在案台上，在 28 ℃左右的温度下醒发 10 min 后放入屉内，用旺火沸水蒸制 10 min 即可出锅。

（4）风味特点

色泽洁白，外形褶匀美观，馅心清素适口，口味咸鲜。

（5）制作要点

1）馅心油润，不要出汤。

2）包制时皮均馅正，提褶均匀（约 18 个褶）。

3）不露馅心。

4. 荷叶卷

（1）原料

面粉 500 g，面肥 200 g，食用碱 5 g，麻油 15 g。

（2）工艺流程

和面→发酵→对碱→揉面→搓条→下剂→成型→熟制

（3）制作过程

1）将面粉放在案台上开成窝形，加入面肥、250 g 温水和成面坯，盖上湿布发酵。

2）将发酵好的面坯加入碱水，揉匀揉透，稍醒片刻。

3）将加好碱的面坯搓成直径 5 cm 左右的长条，揪成 28 个小剂子。将面剂按扁，逐个擀成直径 8 cm，薄厚均匀的圆饼，刷麻油，对折成半圆形，再叠成三角形，用木梳子在三角尖部划上花纹，再用竹尺划上放射状的直线，然后在三角形的圆边用竹尺向里挤上 3~4 个缺口，呈荷叶卷起状，醒发片刻。

4）将荷叶卷生坯放入屉内，用旺火蒸制 10 min 即熟。

（4）风味特点

色泽洁白，外形美观，入口松软。

（5）制作要点

面坯起发适度，投碱量要准确。

5. 豆沙包

（1）原料

面粉 500 g，面肥 200 g，食用碱 5 g，豆沙馅 750 g。

（2）工艺流程

和面→发酵→对碱→揉面→搓条→下剂→制皮→上馅→成型→熟制

（3）制作过程

1）将面粉放在案台上开成窝形，加入面肥、250 g 温水和成面坯，盖上湿布发酵。

2）将发酵好的面坯加入碱水，揉匀揉透，稍醒片刻。将面坯搓成长条，揪成重约 35 g 的剂子。

3）揪好的剂子用手掌按扁，逐个擀成中间略厚、四周稍薄的圆形皮子，包入 30 g 的豆沙馅。收口呈圆球形，然后放在掌心，两手轻搓成鸭蛋形生坯，收口处向下，放在板上醒发片刻。

4）将豆沙包生坯放入屉内，用旺火沸水蒸制 10 min 即熟。

（4）风味特点

色泽洁白，形似鸭蛋，松软香甜。

（5）制作要点

醒发要适度，投碱要准确，包制时要皮均馅正。

6. 家常包

（1）原料

面粉 500 g，面肥 200 g，小苏打适量，猪肉 300 g，酱油 75 g，韭菜 200 g，麻油 50 g，姜末 10 g，精盐 10 g，味精 2 g，花椒水适量。

（2）工艺流程

和面→揉面→搓条→下剂→制皮→上馅→成型→熟制
制馅 ————————————↑

（3）制作过程

1）把猪肉剁成馅，加入酱油、姜末、味精、精盐、花椒水拌匀，再加入 150 g 清水，顺着一个方向搅拌，至肉馅呈黏稠状即可。韭菜择洗干净，沥干水分后切碎，放入肉馅内，淋上麻油拌匀待用。

2）将面粉放在案台上开成窝形，加入面肥、小苏打、250 g 温水和成面坯，揉匀揉透。

3）将揉好的面坯搓成长条，揪成重约 35 g 的剂子，擀成圆形皮子，左手托皮，右手用馅尺抹约 30 g 的馅心略收拢，再用右手拇指和食指提褶收口，捏成圆形包子。醒发片刻。

4）将醒好的包子生坯放入屉内，用旺火沸水蒸制 10 min 即熟。

（4）风味特点

色泽洁白，褶匀美观，皮薄馅嫩，口味咸香。

（5）制作要点

1）馅心要油润鲜嫩。包制时要皮均馅正，提褶要均匀（约 16 个褶），收口要严，不漏汤汁。

2）制馅加水时，要边加边搅，不要一次都加进去。

7. 苹果包

（1）原料

面粉 250 g，泡打粉 5 g，酵母粉 5 g，糖 2.5 g，苹果酱 200 g，青梅少许，红食用色素少许。

（2）工艺流程

和面→发酵→揉面→搓条→下剂→制皮→上馅→成型→熟制→饰面

（3）制作过程

1）将面粉与泡打粉、酵母粉、糖和在一起，用轧面机反复碾压成滋润的快速发酵面坯。

2）搓条，下剂。将剂按扁，包上苹果酱，封口做成苹果状。将青梅切成小长条，插在苹果的上端作苹果把。

3）将苹果生坯置于屉上，用旺火沸水蒸 10 min 即熟。

4）将少许红食用色素喷在苹果的一侧。

（4）风味特点

暄软香甜，形似苹果。

（5）制作要点

因成熟后色会加深，喷色时色要浅且少。

8. 椰蓉盏

（1）原料

面粉 500 g，白糖 150 g，猪油 150 g，鸡蛋 150 g，发酵粉 15 g，椰蓉馅 500 g。

（2）工艺流程

和面→下剂→成型→上馅→熟制
制馅 ────────────↑

（3）制作过程

1）面粉与发酵粉过罗，置于案台上开成窝形，加入白糖、猪油、鸡蛋，用手将油、糖、蛋混合搅匀，至无糖粒拨入面粉，用复叠的手法和成松酥面坯。

2）将面坯擀成 0.3 cm 厚的片，用二号花戳子戳出圆皮，再将圆皮捏入二号菊花盏内，码入烤盘，待用。

3）将椰蓉馅轻团成 3 cm 大小的球状，每个盏内放一份馅，放入 220 ℃的烤炉烘烤，烤至熟透呈金黄色出炉，取出盏即成。

（4）风味特点

椰香可口，甘甜美观。

（5）制作要点

松酥面皮捏入盏中，底部不宜太薄或太厚。太薄，馅中的糖分受热渗透底部，成品不易从盏中取出；太厚，底部熟制后胀发太高，将馅顶起，糖汁流入盏边，成品也不易从盏中取出。

第二节　层酥面坯（一）

一、概念及分类

1. 概念

层酥面坯是由两块性质完全不同的面坯——水油面坯、干油酥组成，经过包、擀、叠等开酥方法，使其具有酥软的层次结构，行业中称其为层酥面坯。

2. 分类

层酥面坯一般分为三类。

（1）水油皮

以水油面为皮，干油酥为心制成的水油皮类层酥，是中式面点工艺中最常见的一类层酥。其特性是层次多样，可塑性强，有一定的弹性、韧性，口味松化酥香。

（2）擘酥皮

以蛋水面与黄油酥层层间隔叠制而成的擘酥，这种层酥在广式面点中最常使用。其特性是层次清晰，可塑性较差，营养丰富，口感松化、浓香、酥脆。

（3）酵面层酥

以发酵面坯为皮，干油酥为心的酵面类层酥，在各地方小吃中比较常见。其特性是体积疏松，层次清楚，有一定的韧性和弹性，可塑性较差，口味暄软酥香。

这三种层酥，不论面坯的口感、质地上有什么差别，其起层起酥的原理是基本相同的。

二、制作工艺

1. 层酥皮面调制工艺

层酥皮面主要用于包制干油酥，起分层作用。由于它含有水分，因而具有良好的可塑性。

（1）水油面的调制方法

按面粉 500 g、猪油 125 g、水 275 g 的比例，将原料调和均匀，经搓擦、摔打成柔软而有筋力、光滑而不粘手的面坯即成。

（2）蛋水面的调制方法

按面粉 650 g、鸡蛋 150 g、水 300 g 的比例，将原料和匀揉透，整理成方形，放入平盘进冰箱冷冻待用。

2. 油酥面调制工艺

油酥面主要用于水油面的酥心，有分层起酥的作用。由于它既无韧性、弹性，又无延伸性，因而不能单独使用。

（1）干油酥的调制方法

按面粉 500 g、猪油 275 g 的比例，将面粉与猪油搓擦均匀、光滑即成。

（2）黄油酥的调制方法

按面粉 350 g、黄油 1 000 g 的比例，将面粉与黄油搓擦均匀，成柔软的油酥面。整理成长方形，放入冰箱冷冻待用。

3. 开酥工艺

开酥又称包酥。层酥面坯开酥的方法很多，有铺酥、抹酥、挂酥、叠酥等，其中最常见的是大包酥和小包酥。

（1）大包酥的开酥方法

将水油面按成中间厚，边缘薄的圆形。取干油酥放在中间，将水油面边缘提起，捏严收口，擀成长方形薄片，折叠两次成三层，再擀薄。由一头卷紧成筒形，按剂量下出多个剂子。

这种先包酥后下剂，并且一次可以制成多个剂子的开酥方法，称为大包酥。它的特点是速度快、效率高，适合大批量生产。但是容易产生酥皮层次不均匀的情况。

（2）小包酥的开酥方法

先将水油面与干油酥分别揪成剂子，用水油面包干油酥，收严剂口，经擀、卷、叠制成单个剂子。

这种先下剂子后包酥，一次只能做出一个剂子的开酥方法，称小包酥。它的特点是速度慢、效率低。但成品精细，适合做高档宴会点心。

三、常见的层酥面坯品种制作实例

1. 白皮酥

（1）原料

面粉 500 g，猪油 200 g，绵白糖 150 g，熟面粉 150 g，橘饼、瓜条、葡萄干、果脯、桂花、瓜子仁各 10 g。

（2）工艺流程

和面→开酥→卷筒→下剂→上馅→成型→熟制
制馅 ————————————↑

（3）制作过程

1）取面粉 250 g、猪油 125 g 擦匀成干油酥。在剩余的 250 g 面粉中放入猪油 50 g、清水 125 g 和成水油面，揉匀揉透、摔打滋润。

2）将橘饼、瓜条等果料切成小丁，加入绵白糖、桂花、猪油 25 g 及熟面粉拌匀成馅心。

3）将干油酥包入水油面中，按扁，制成厚约 0.6 cm 的长方片，折成三层再擀开，由上至下卷成圆柱形长条，揪成重约 25 g 的剂子，按成中间稍厚、边稍薄的圆形皮子，包入约 12 g 的馅心，收严剂口呈圆形。将包好的坯子面向下，用手掌按成直径约 4 cm 的中间稍凹的圆饼，码入烤盘。

4）将生坯放入烤炉中，150 ℃烤制 12 min，饼身稍鼓起，呈白色，熟透即成。

（4）风味特点

色泽洁白，酥松香甜。

（5）制作要点

1）开酥要均匀，馅要包严。

2）烤制时，掌握好炉温与烤制时间，以免上色或欠火。

2. 玫瑰酥

（1）原料

面粉 500 g，猪油 175 g，熟面粉 50 g，绵白糖 150 g，玫瑰酱 50 g，蛋清适量，红食用色素少许。

（2）工艺流程

和面→下剂→包酥→制皮→上馅→成型→熟制
制馅 ————————————↑

（3）制作过程

1）将绵白糖、玫瑰酱、熟面粉、红食用色素搓成红色糖馅备用。

2）将 250 g 面粉加 125 g 猪油擦成干油酥。另取 250 g 面粉加 50 g 猪油、125 g 清水和匀和透，成水油面。将水油面和干油酥分别揪成均匀的 30 个剂子。

3）用水油面做皮，包入干油酥，按扁。擀成长方形，叠成三层。再擀成长薄片，铺上搓好的糖馅。卷成直径 1 cm 的条，再抻长搓细。双手由两头反卷起呈双卷形，双卷中间抹少许蛋清。用筷子夹紧双卷，使中间粘住。然后从双卷的四角各切一刀至八瓣露馅，即成生坯。

4）将生坯码入烤盘内，将搅匀的蛋清刷在生坯上。烤炉调至160~170 ℃。烤制10 min 左右即可出炉。

（4）风味特点

色形美观，酥松香甜。

（5）制作要点

1）水油面、干油酥软硬要一致。

2）铺馅要均匀。

3）卷卷时一定要卷紧。

4）搓条时要粗细均匀。

5）卷双卷时，两卷大小要一致。

6）切花瓣时，刀口不宜过长。

3. 黄桥烧饼

（1）原料

面粉 900 g，猪油 200 g，面肥 200 g，板油 2 520 g，火腿 50 g，麻仁 100 g，鸡蛋清 50 g，精盐 5 g，味精 2 g，葱花 200 g，姜末 2 g，碱 4 g。

（2）工艺流程

和面→发酵→对碱→开酥→下剂→制皮→上馅→成型→熟制
制馅 ————————————————————↑

（3）制作过程

1）取面粉 500 g，用开水调和，再洒一点冷水和成面坯，加入面肥揉均匀，待其发酵即为烫酵面。

2）另取 400 g 面粉与 200 g 猪油，在案台上搓擦成干油酥。

3）板油去衣，切成边长为 0.4 cm 的小丁，火腿切成边长为 0.4 cm 的小丁。将板油、火腿与精盐、味精、姜末调和均匀，放入葱花调成馅心。

4）烫酵面对正碱，将干油酥擀成长方形后叠三层，再擀开，卷成筒。将筒稍按扁，下剂子 60 个，将剂子擀成皮，包入 10 g 馅心，封严口，按成鸭蛋形，即成饼坯。

5）将饼坯接口朝下，在饼坯表面刷上蛋清，粘上麻仁，码在烤盘上。

6）用烤炉 220 ℃ 加热至熟即成。

（4）风味特点

色泽金黄，口味香酥，肥而不腻。

（5）制作要点

拌馅时葱要最后放。

4. 一品烧饼

（1）原料

面粉 1 050 g，白糖 300 g，糖桂花 25 g，麻仁 100 g，核桃仁 25 g，青梅 25 g，麻油 25 g，小苏打 2 g，花生油 2 500 g（约耗 350 g）。

（2）工艺流程

和面→开酥→下剂→制皮→上馅→成型→熟制

制馅 ———————————↑

（3）制作过程

1）核桃仁、青梅切成小丁，放入碗内加面粉 50 g、白糖、糖桂花、麻油拌成馅。另取面粉 50 g，加清水 150 g，调成稀面糊。

2）面粉 300 g 放入盆内，浇入 250 g 六到七成熟的花生油，搅拌混合均匀，呈浅黄色，晾凉成油酥面。

3）小苏打用 350 g 清水化开，与 650 g 面粉和成面坯。

4）案台上抹油，面坯上案台揉匀。擀开成长方形片（厚 0.3 cm）。将油酥面均匀抹于面坯表面，卷筒成条，稍按扁后下剂子 60 个。剂子擀成圆皮，包入 10 g 馅心，封口朝下，稍按扁，刷上一层稀面糊，粘上麻仁即成生坯。

5）锅内倒花生油，旺火烧至六成熟，分次下入生坯，炸 8~9 min 成熟即可。

（4）风味特点

色泽金黄，酥松可口。

（5）制作要点

1）掌握好油温。

2）麻仁要粘牢，避免脱落。

5. 乐亭烧饼

（1）原料

面粉 650 g，肥瘦猪肉 400 g，大葱 100 g，麻油 150 g，芝麻 100 g，精盐 10 g，酱油 10 g，味精 2 g，胡椒粉 2 g。

（2）工艺流程

和面→开酥→下剂→制皮→上馅→成型→熟制
制馅 ─────────────────────────↑

（3）制作过程

1）面粉 500 g 加温水 350 g 和匀揉透，表面刷一层麻油，醒 1 h 待用。

2）面粉 150 g 加麻油 100 g 放入盆内，调成油酥面。

3）肉、葱均切成边长为 1 cm 的片，加精盐、酱油味精、胡椒粉、清水 50 g、麻油 50 g、调成馅。

4）将醒好的面团擀成厚 0.4 cm 的片，抹上油酥面，从边缘卷成筒，下剂子 40 个。

5）将剂子擀成圆皮，包 10 g 馅，收口呈圆球状，球面沾上清水再粘芝麻，放在案台上用手掌按成中间凹的饼坯。

6）饼坯表面刷一层麻油，入烤炉用 200 ℃ 的炉温烤至上色，出炉后再刷一层麻油，再入炉烤至呈金黄色即可。

（4）风味特点

酥脆味鲜。

第三节　物理膨松面坯

一、概述

1. 概念

物理膨松面坯是用具有胶体性质的鸡蛋清做介质，通过高速搅打的物理运动使面膨松而制成的面坯，行业中也称为蛋泡面坯。

2. 特性

体积疏松膨大，组织细密暄软，呈海绵状多孔结构，有浓郁的蛋香味。

3. 制作工艺

物理膨松面坯一般有两种制作工艺方法。

（1）方法一

1）洗净打蛋容器及蛋抽子。按比例将蛋液、白糖放入容器中，用蛋抽子高速搅打蛋液，使之互溶，均匀乳化成白色泡沫状，直至蛋液中充满气体且体积增至原来体积的3倍以上，成蛋泡糊。

2）面粉过罗，倒入蛋泡糊，抄拌均匀即成蛋泡面坯。

（2）方法二

将一定比例的蛋液、白糖、蛋糕乳化油放入打蛋容器内拌匀，再加入面粉拌匀，开动机器（或用手）抽打。正常室温条件下，抽打7~8 min，即成蛋泡面坯。

使用蛋糕乳化油制作蛋泡面坯，其工艺更简单、效率更高，成品具有细密、膨松、色白、胀发性强、质量更好的特点。

4. 注意事项

（1）选用含氮物质高、灰分少、胶体溶液浓稠度强、包裹气体和保持气体能力强的新鲜鸡蛋。

（2）面粉必须过罗。

（3）抽打蛋液必须始终朝一个方向不停地进行，直至蛋液呈乳白色、浓稠的细泡沫状，以能立住筷子为准。

（4）所有工具、容器必须干净、无油。

（5）如采用"方法一"工艺，面粉拌入蛋液时，只能使用抄拌的方法，不能搅拌。且抄拌的时间不宜过长，否则影响成品质量。

二、常见的物理膨松面坯品种制作实例

1. 海绵蛋糕

（1）原料

低筋面粉500 g，鸡蛋1 000 g，白砂糖3 520 g，黄油35 g，香草粉少许。

（2）工艺流程

抽打蛋液→调制糕浆→熟制→成型

（3）制作过程

1）将蛋液放入不锈钢锅中，放入白砂糖、香草粉，用小火加温，用蛋抽子抽打（也可将不锈钢锅放入热水锅中），加温至50 ℃左右离火，打20~30 min，至蛋液呈白色膨松的稠浆糊，体积约增大3倍时停止。

2）将面粉过罗，倒入打好的蛋糊内，边倒面粉边抄拌，拌匀后再将熔化的黄油（60 ℃）淋入蛋糕浆内拌匀。

3）烤盘内铺纸，刷一层油，将打好的蛋糕浆倒入烤盘，大约2 cm厚，用刮板轻

轻刮平，放入烤箱中，180 ℃烤制 20 min 左右，用手按有弹性，用牙签在糕面上向里扎不粘，糕面呈棕红色即可出炉。

4）案台铺上油纸，将烤好的蛋糕扣在油纸上，将油纸取下，马上翻过来。晾凉后均匀地切成块，即可食用。

（4）风味特点

色泽美观，蜂窝均匀，绵软细润，膨松香甜。

（5）制作要点

1）倒入面粉抄拌时，拌匀即可。不要用力搅拌，以免上劲影响起发。

2）烤制时炉温不宜过高，防止外边糊，里面不熟。

2. 卷筒蛋糕

（1）原料

低筋面粉 200 g，鸡蛋 500 g，白糖 200 g，香草粉少许，果酱 200 g。

（2）工艺流程

$$抽打蛋液 \rightarrow 调制糕浆 \rightarrow 熟制 \rightarrow 成型$$

（3）制作过程

1）将蛋液放入不锈钢锅中，加入白糖、香草粉，上小火加温，用蛋抽子抽打（也可将不锈钢锅放入热水锅中）。加温至 50 ℃左右离火，继续抽打 20~30 min 左右，至蛋液呈白色膨松的稠浆糊，体积约增大 3 倍时停止。

2）将面粉过罗，轻轻倒入打好的蛋糊内，边倒面粉边抄拌。抄拌均匀，无生粉粒即可。

3）将拌好的蛋糕浆倒入铺好油纸的长方盘内，用刮板轻轻刮平糕面，放入屉内摆平，上旺火沸水蒸制 7~8 min，即成蛋糕片，揭去垫纸待用。

4）将蒸好的蛋糕片（厚约 1 cm）扣在案台上，从中间切成两块。将蛋糕底面朝上，用刮板均匀地抹一层果酱，用白纸将蛋糕卷成筒形，随纸将蛋糕卷卷紧 10 min，然后去掉白纸切成斜块，成马蹄形，即可上桌食用。

（4）风味特点

色泽鲜明，外形美观，绵软细润，膨松香甜。

（5）制作要点

1）面粉倒入蛋泡糊时，只能抄拌，不可搅拌，否则蛋糕糊上劲，影响起发。

2）卷筒时要尽量卷紧，卷好后要放置一会儿再将纸去掉，以免切块时蛋糕卷松散。

第四节　米及米粉面坯

一、饭皮面坯

1. 概念

一般特指用米和水混合蒸制成饭，再经搅拌、搓擦成具有黏性、可塑性和一定韧性的面坯。

饭皮面坯使用的米以糯米为主，也可以掺适量的紫米、小米等。

2. 特性

具有米本身特有的色泽，成品口感软糯、香甜，面坯有黏性、可塑性和一定的韧性。

3. 制作工艺

（1）将 500 g 糯米洗净，与 450 g 水混合，一起倒入盆中，上蒸锅蒸熟。

（2）稍凉后，倒在一块洁净的屉布上，趁热隔布用手蘸凉水用力在案台上搓擦，直至饭粒互相粘连成为一个整体。

4. 注意事项

（1）根据米的品种，采用适当的用水量。一般籼糯用水量多，粳米、糯米用水量少。

（2）趁热搓擦，否则饭粒不易粘连。

（3）搓擦时，手应适当蘸些凉水。否则饭粒太黏不宜操作且容易烫伤。

二、米粉面坯

1. 概念

米粉面坯是指用米粉和水混合调制的面坯。米粉面坯按原料分有籼米粉面坯、粳米粉面坯、糯米粉面坯和混合米粉面坯；按面坯的性质分有米糕类面坯、米粉类面坯、米浆类面坯。

2. 特性

（1）米糕类面坯

1）松质糕。多孔，无弹性、韧性，可塑性差；口感松软，成品大多有甜味。

2）黏质糕。黏、韧、软、糯，成品多为甜味。

（2）米粉类面坯

有一定的韧性和可塑性，可包多卤的馅心，口感润滑、黏糯。

（3）米浆类面坯

体积稍大，有细小的蜂窝，口感黏软适口。

3. 掺粉的方法

为了提高米粉制品的质量，需将不同种类的米粉或将米粉与面粉掺和在一起，使其在软、硬、糯等性质上达到新制产品的质量要求。

（1）糯米粉与面粉掺和的方法

将糯米粉、粳米粉、面粉按一定的比例混合，调制成团。也可在磨粉前将各种米按成品要求，以一定的比例配制好，再磨制成粉与面粉混合。

这种掺粉方法制成的成品不易变形，能增加筋力、韧性，有黏润感和软糯感。

（2）糯米粉与硬米粉掺和的方法

根据制品质量的要求，将糯米（60%~80%）与粳米（20%~40%）按一定比例混合、调制而成。这种掺粉方法可使成品有软糯、清润的特点。

（3）米粉与杂粮掺和的方法

米粉可与豆粉、薯粉、小米粉等直接掺和为一体。也可与土豆泥、胡萝卜泥、豌豆泥、山药泥、芋头泥等混合制成面坯。用这种方法制成的成品具有杂粮的天然色泽和香味，且口感软糯适口。

三、常见的米及米粉制品制作实例

1. 八宝饭

（1）原料

糯米 250 g，莲子 10 粒，桂圆肉 10 片，蜜枣 10 枚，葡萄干 10 粒，青梅 10 g，瓜条 10 g，金糕条 10 g，豆沙馅 50 g，白糖 75 g，猪油 20 g，淀粉适量。

（2）工艺流程

泡米→蒸米→成型→熟制

（3）制作过程

1）糯米洗净，用冷水浸泡2~3 h捞出，放在垫好屉布的笼屉内摊开，盖严屉盖，蒸制20 min。

2）将蒸熟的米倒入盆中，加入白糖、猪油拌匀。

3）用一个大碗，内壁涂上一层猪油，将莲子、桂圆肉、蜜枣等果料在碗内壁上摆成鲜艳美观的形状。将1/2的熟糯米放入碗内，加一层拍扁的豆沙馅，再将另一半糯米放入碗内铺平，上锅旺火蒸透。

4）将大于碗的餐盘扣在蒸好八宝饭的碗上，翻转将碗取下，浇上用白糖和水煮好的糖汁（糖汁用少量淀粉勾芡）即可食用。

（4）风味特点

清香甜糯，美观大方。

（5）制作要点

放蒸好的米时不要破坏碗内的图案。

2. 芝麻凉卷

（1）原料

糯米500 g，豆沙馅400 g，芝麻250 g。

（2）制作过程

1）糯米洗净，蒸成软的米饭，用一块白布（事先蒸煮消毒）包上糯米饭，在案上（事先用酒精消毒）揉搓到不见饭粒为止，解开布（仍用原布盖上以免干皮）晾凉。将芝麻用小火炒黄炒熟，擀成末。

2）案上撒芝麻末，将搓烂的糯米饭滚上芝麻末。搓成直径5 cm的长条后，压扁成15 cm宽的片。豆沙馅放在一张白纸上（纸上刷一层油）擀成和糯米片同样大小，盖在糯米片上，由两头卷到中间相接。卷的表面再撒上芝麻末，切成小段即可。

（3）风味特点

软绵香甜，为夏、秋季点心。

（4）制作要点

米饭不能蒸得过烂或过硬。

3. 元宵

（1）原料

糯米粉1 000 g，熟面粉150 g，绵白糖350 g，麻仁15 g，熟花生仁20 g，熟核桃仁20 g，青梅10 g，金糕条10 g，麻油20 g，糖桂花10 g。

（2）工艺流程

制馅→分馅→成型→熟制

（3）制作过程

1）将麻仁、熟花生仁、熟核桃仁、青梅、金糕条切碎，与绵白糖、熟面粉拌和均匀。另用50 g熟面粉加适量清水搅拌并熬成浆糊状，倒入拌匀的馅料中，加入糖桂花、麻油搓拌均匀。拍成1 cm厚的长方形坚实的块，再切成方丁成元宵馅。

2）将糯米粉放入簸箕内，将切好的馅心放入漏勺内蘸水，倒入簸箕内，来回晃动。反复蘸水、晃动，制成直径4 cm左右的圆球形的元宵。

3）煮锅内加水上火烧开，放入元宵生坯，用手勺背轻轻推动，分数次加入少量冷水，待元宵浮上水面松软时，即可捞出。

（4）风味特点

色洁白，软糯，口味香甜。

（5）制作要点

馅心要压实，滚动粘粉要均匀。

第五节　其他面坯（一）

一、豆类面坯

1. 概念

豆类面坯是指以各种豆类为主要原料，适当掺入油、糖等辅料，经过煮制、碾轧、过罗、澄沙等工艺制成的面坯。此类面坯既无弹性、韧性，也无延伸性。虽有一定的可塑性，但流散性极大。许多豆类面坯的点心品种，都需要借助琼脂定型。

2. 制作工艺

将豆类拣去杂质，加水蒸烂或煮烂，过罗、去皮、澄沙（去掉水分），加入添加料（油、糖、琼脂等），再根据品种的不同需要进行熟制、成型。

3. 注意事项

（1）煮豆时水应一次加足，万一中途需要加水，也一定要加热水，否则豆不易煮烂。

（2）去皮过罗时，可适当加少量水。如果水加得多，面坯太软且粘手，将影响成

型工艺。

4. 豆类面坯主要原料

（1）绿豆

绿豆的品种很多，以色浓绿，富有光泽，粒大整齐的品质最好。绿豆除可制作成饭、粥、汤等食品外，还可以磨成粉，制成绿豆糕等点心，也可制作馅心。

（2）赤豆

赤豆又名红小豆，以粒大皮薄，红紫有光，豆脐上有白纹者品质最佳。赤豆性质软糯、沙性大，可用于制作点心、馅心。

（3）黄豆

黄豆又名大豆，蛋白质、脂肪丰富。黄豆粉黏性差，与面粉掺和后可制成团子及糕饼等。

（4）扁豆、豌豆、芸豆、蚕豆等

这些豆类一般具有软糯、口味清香等特点，煮熟捣泥可做馅心，与米粉掺和可制作各式糕点，如扁豆糕、豌豆黄、芸豆卷、蚕豆糕等。

二、常见的豆类面坯品种制作实例

1. 芸豆卷

（1）原料

白芸豆 1 000 g，熟芝麻 400 g，白糖 1 000 g，桂花 10 g。

（2）制作过程

1）先将白芸豆破开，用温水泡涨，搓洗去皮。将去皮的芸豆放入锅内，加水 3 000 g，上火煮至酥烂。过罗备用。

2）将熟芝麻擀碎，加入白糖、桂花，搓匀成馅心。

3）案台上铺一块长方形白布（已消毒），放上芸豆泥，用刀拍抹成宽 10 cm、厚 0.4 cm、长度不限的长条薄片，四边用刀切齐。随后在芸豆泥上铺一层芝麻糖馅，厚 0.2 cm（也可铺豆沙、枣泥或金糕馅）。接着将铺在案台上的白布与豆泥一同卷起，卷成如意卷形。最后去掉白布，切成边长 3 cm 的小块即可码盘上桌。

（3）风味特点

清凉解暑，入口沙甜。

（4）制作要点

煮豆不宜太酥烂，过烂吸水易松散。豆泥上如放豆沙馅时，可事先在油纸上擀成所需大小，厚 0.2 cm。

2. 豌豆黄

（1）原料

豌豆 500 g，白糖 300 g，碱 1 g，琼脂 10 g。

（2）制作过程

1）琼脂洗净泡透，加入 250 g 清水，蒸至融化过罗备用。

2）豌豆加碱、水煮熟，磨碎成渣，去皮。将其放入锅中加入白糖拌匀，上火炒沸，不停地铲动，勿使其粘锅底。炒至水分蒸发时，将琼脂液倒入锅中，再炒片刻即成豆泥。

3）将炒好的豌豆泥倒入长方形盘内冷却（上面盖一张油纸以免表面结皮裂口）。放在通风处，凉透后放入冰箱冷藏。上桌时切块即可。

（3）风味特点

豆味浓郁，香甜适口，是夏季的消暑食品。

（4）制作要点

煮豆时碱不宜过多，炒豆泥时先用旺火，沸后降低火温。

3. 小豆凉糕

（1）原料

红小豆 400 g，琼脂 22.5 g，白糖 300 g，桂花 20 g。

（2）制作过程

1）将红小豆挑洗干净，放入盆中加水 1 000 g 上锅蒸 90 min。

2）将蒸烂的豆过罗，去皮。

3）琼脂洗净泡软，加入 750 g 水，上锅蒸化，过罗备用。桂花用热开水冲泡制成桂花水。

4）红豆沙放入锅内煮沸，加入白糖 30 g。然后加入蒸好的琼脂水，再继续熬 10 min 左右。最后加入桂花水（去掉桂花）熬 2 min 即可。

5）把熬好的豆沙浆倒入盘内晾凉。冷却过程中不能晃动，以免表面不平。

6）凉后切成菱形块即可上桌。

（3）风味特点

清热消暑，爽滑香甜。

（4）制作要点

蒸豆时火不宜过旺，以免糊底，倒出的浆不能随便晃动。

用此方法也可制作绿豆凉糕、芸豆凉糕。

三、薯类面坯

1. 概念

薯类面坯是以含淀粉较多的薯类干粉为原料,掺入适当的其他淀粉物质和辅料制成的面坯。薯类面坯无弹性、韧性、延伸性,虽可塑性强,但流散性大。薯类面坯制作的点心,成品松软香嫩,具有薯类特殊的味道。

2. 制作工艺

将薯类去皮,蒸熟。压烂,去筋,趁热加入辅料(米粉、面粉、糖、油等),揉搓均匀即成。制作点心时,一般以手按皮或捏皮,包入馅心,成熟方法或蒸或炸。炸制时,以包裹蛋液为好。

3. 注意事项

(1)蒸薯类原料时间不宜过长,蒸熟即可。以防止吸水过多使薯蓉太稀,难以操作。

(2)糖和米粉需趁热掺入薯蓉中,随后加入油脂,擦匀折叠即可。

4. 薯类面坯主要原料

(1)马铃薯

马铃薯亦称土豆、洋山芋。性质软糯、细腻。去皮煮熟捣成泥后,可单独制成煎炸类点心。也可与米粉、熟澄粉掺和,制成薯蓉饼、薯蓉卷、薯蓉蛋,以及各种象形水果,如像生梨等。

(2)山药

山药。质地爽脆透明,软滑而带有黏性。可煮熟去皮,捣成泥后与淀粉、面粉、米粉掺和,制作各种点心。

(3)芋头

芋头亦称芋艿。性质软糯。蒸熟去皮捣成芋泥,与面粉、米粉掺和后,可制作各式点心。以广西、广东的品种最佳。

四、常见的薯类面坯品种制作实例

1. 像生雪梨

(1)原料

马铃薯面坯600 g,馅心300 g(咸、甜馅均可),火腿小条30条,鸡蛋2个,面包糠150 g,食用油适量。

（2）制作过程

1）将马铃薯面坯和馅心各分成30份。每份薯坯包入1份馅心，捏成雪梨形，加上火腿1条作雪梨蒂。在生坯的表面刷蛋液，粘面包糠。

2）油烧到150~160℃时，将果坯放入油锅中炸至金黄色，捞出控油即可。

（3）风味特点

外形美观，色泽金黄，有特殊的香味。

（4）制作要点

1）必须掌握好油温。

2）要按正确的比例调制面坯。

 小提示

马铃薯面坯制法

1）原料。去皮马铃薯500 g，熟澄粉100 g，猪油50 g，白糖10 g，精盐7 g，胡椒粉0.2 g，味精0.3 g，麻油0.2 g。

2）制法。先将蒸熟的马铃薯放在案台上压烂成蓉（最好过一下罗）。加入熟澄粉（澄粉最好烤或蒸熟过罗），搓匀、揉透。放入猪油、味精等全部辅料搓匀即成马铃薯面坯。

利用马铃薯面坯还可以做其他品种点心，如薯蓉卷、薯蓉蛋等。

2. 香麻薯蓉枣

（1）原料

番薯蓉面坯600 g，莲蓉馅300 g，芝麻100 g，食用油适量。

（2）制作过程

1）将番薯蓉面坯和馅心各分30份，每份薯坯包入1份馅心，捏成枣形。

2）在枣形生坯上刷一层蛋液，表面粘芝麻。

3）放入温油中炸透即可。

（3）风味特点

软滑香甜，形状饱满，色泽鲜明，不露馅，不破皮。

（4）制作要点

1）调制番薯蓉面坯必须软硬适度，不宜过软，软则易变形。

2）生坯制成后，不要放置时间过长，否则容易返软。

 小提示

番薯蓉面坯制法

1）原料。蒸熟番薯（去皮）500 g，糯米粉 125 g，猪油 30 g，白糖 75 g。

2）制法。盆中放入糯米粉，将蒸熟的番薯趁热放在糯米粉中一同搓匀，随后加入白糖等辅料，最后加入猪油折叠至均匀即可。

3）要求。蒸番薯的时间不要过长，蒸熟即可（可用微波炉）。以免吸水过多，难以制作。白糖和糯米粉一定要趁热掺入薯蓉中，后加猪油。

利用番薯蓉面坯可制作多种不同形状、不同馅心的点心，如薯蓉饼、炸薯丸等。

3. 荔浦秋芋角

（1）原料

荔浦芋蓉面坯 900 g，芋角馅 450 g（馅心可用熟粒馅），食用油适量。

（2）制作过程

1）将荔浦芋蓉面坯切成重约 30 g 的剂子，压扁成中间稍厚、边稍薄的皮，然后包上 15 g 的馅心，捏成橄榄状，成为生角坯。

2）锅中放油，烧至约 160~170 ℃时下入生坯，炸熟即可。

（3）风味特点

色泽金黄，表面呈蜂窝状，质地松香带脆，馅香润可口。

（4）制作要点

1）生坯不要放置时间过长，否则容易返软，影响起发。

2）选用较好的芋头。

3）油温一定要适度，油温低，色泽不鲜明，成品松散；油温过高，不起蜂巢。

 小提示

荔浦芋蓉面坯制法

1）原料。芋头 500 g，熟澄粉 150 g，猪油 40 g，白糖 20 g，精盐 10 g，味精 0.3 g，胡椒粉 0.2 g，麻油 0.3 g。

2）制法。先将芋头去皮，切成块后入蒸笼蒸熟。将熟芋头用刀压烂成蓉。掺入熟澄粉，搓匀。然后加入白糖等其他辅料，用复叠的方法，调成芋蓉面坯。取少量芋蓉面坯试炸，检验是否合乎要求。

3）要求。要用质量好的荔浦芋头，如粉质不好，应适量减些澄粉或多加些油。芋蓉面坯要爽滑，不夹生粒，既有黏性又没有韧性，润滑而不渗油。

利用此种面坯也可制作其他品种点心，如炸芋枣等。

4. 鸡粒山药饼

（1）原料

山药蓉面坯 800 g，鸡粒馅 400 g，面包糠 50 g，鸡蛋 2 个，食用油适量。

（2）制作过程

1）把山药蓉面坯和熟馅各分成 20 份，然后将面坯捏成窝形，包入鸡粒馅成圆形，收口朝下，按成饼状。

2）饼面刷鸡蛋粘面包糠，放入温油中炸至浅黄色，捞出控油即可。

（3）风味特点

饼形圆扁均匀，甘香带松，色泽浅黄，口感鲜香。

（4）制作要点

1）粘上面包糠后不宜静置时间过长，否则影响质量。

2）炸时用中火，随后离火，再用慢火炸，炸的时间不宜过长。

小提示

山药蓉面坯制法

1）原料。去皮山药 500 g，熟澄面 100 g，猪油 35 g，白糖 10 g，精盐 7 g，胡椒粉 0.2 g。

2）制法。把去皮蒸熟的山药用刀压烂，加入熟澄面、猪油、白糖、精盐、胡椒粉等辅料，调匀即可。

3）要求。山药一定要蒸熟。山药和熟澄面的比例要合适。

利用此种面坯还可以制作其他品种点心，如山药糕、网油山药饼等。

第十一章 成型工艺（二）

第一节 叠、摊、按、剪

一、叠

1. 概念

叠是指将经过擀制的面坯，用折的手法制成半成品形态的一种方法。如开酥时叠二、三、四（见图 11-1）。

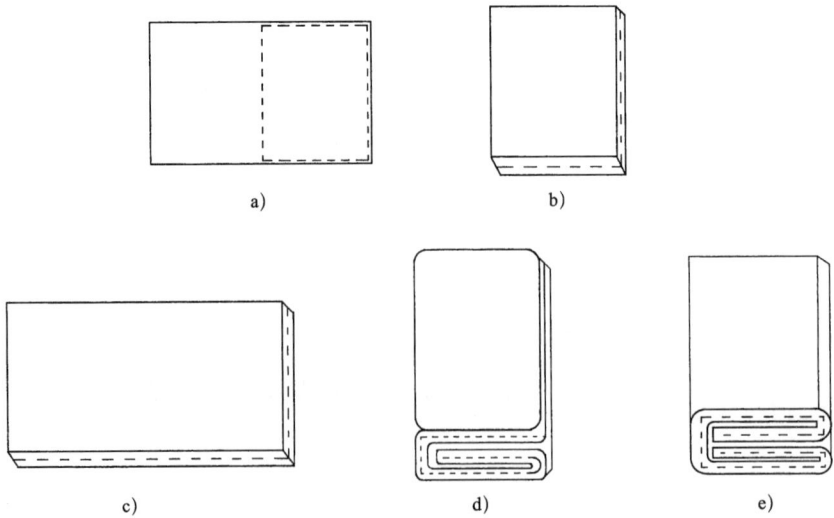

图 11-1 开酥时叠二、三、四

2. 方法

在成品或半成品成型时，由于花样变化较多，折叠方法各不相同，有对折而成的，也有反复多次叠折而成的。

3. 要求

手法灵活，叠时收口要整齐。在操作时，要求每次折叠要清晰、平整。要根据点心的特点，达到成品要求。

二、摊

1. 概念

摊是指将较稀软或糊状的面坯，放入加热的铁锅内，锅把温度传给面坯，经旋转使坯料形成圆形成品或半成品的方法。

2. 方法

根据制作要求不同，摊可分为成品成型法和半成品成型法两种。

（1）成品成型法

将平锅烧热，把糊状面坯摊倒在平锅上，用小木板刮平，熟透后取下，如摊煎饼。

（2）半成品成型法

将平锅烧热，手拿有一定筋力的稀软面坯，在平锅上涂抹一个适当大小的圆，取出多余的面坯，锅内面坯熟透后取下，如春卷皮。

3. 要求

必须善于掌握火候，手法灵活，动作熟练。成品薄厚均匀，规格一致，完整无缺。

三、按

1. 概念

按是指用手掌根或手指按压坯形的手法。常作为辅助手法配合包、印模等成型工艺使用。

2. 方法

用手掌根或食指、中指、无名指将面剂压扁，使面剂符合成品的形状要求。

3. 要求

按的成型品种较多，操作要点是用力要均匀，一般多用掌根。包馅品种应注意按的动作要轻重适度，防止馅心外露。对成品的基本要求是薄厚一致，大小均匀，无

露馅。

四、剪

1. 概念
剪是指用剪刀将面坯修饰成半成品或成品的一种成型工艺手法。常配合包、捏等手法使用。

2. 方法
用剪刀在点心坯的表面，按成品的要求剪制。

3. 要求
手法灵活，下刀深浅适当，符合成品的形态要求。

第二节　拧、捏、滚粘、镶嵌

一、拧

1. 概念
拧就是使坯剂或坯条，形成绳的形态的成型手法。多与搓、切等手法结合使用。

2. 方法
用双手拇指、食指同时捏住剂或坯条的两头，按照不同品种要求，向相反方向扭转，使其成绳绞状。

3. 要求
双手用力均匀，扭转程度适当；坯条粗细一致，形象美观，形状整齐。

二、捏

1. 概念
捏就是将包入或不包入馅心的坯，经双手的指法技巧，按照设计品种的形态要求，进行造型的方法。

2. 方法

一般用拇指和食指操作，方法灵活多变，动作也多种多样，主要有推捏、捻捏、搓捏、挤捏等，如图11-2所示。

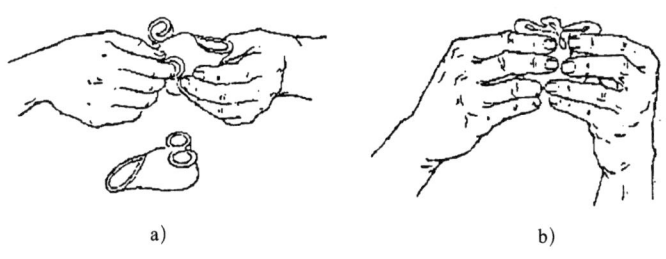

图11-2　捏

3. 要求

既要捏紧、包严、粘牢，又要防止用力过大，把馅心挤破。所做品种要符合产品要求，形象逼真，规格一致。

三、滚粘

1. 概念

滚粘是利用坯剂沾水后的黏性，在粉料或其他辅料上翻滚，使坯剂表面粘满其他原料的方法。

2. 方法

将揉搓成圆形或椭圆形的坯剂在水或鸡蛋液中沾湿，再在其他粉料或辅料上翻滚，使坯剂表面均匀地粘满其他原料。

3. 要求

粉料或其他辅料要均匀地粘在制品外层；其他辅料一般应成小颗粒状且颗粒的大小一致；操作时动作要协调，坯剂滚动的力要均匀。

四、镶嵌

1. 概念

镶嵌是在主坯原料的表面，露出其他原料颗粒以美化成品的成型方法。

2. 方法

镶嵌分直接镶嵌和间接镶嵌两种方法。

（1）直接镶嵌

在糕、饼面坯上直接嵌上其他原料，如枣糕制作中镶嵌枣。

（2）间接镶嵌

先将点心的主料和其他原料颗粒拌和在一起，再制成成品，使点心的表面露出其他原料，如百果年糕制作中百果的镶嵌。

3. 要求

镶嵌是一种美化成品菜点的艺术。操作时，无一定的规范手法，但镶嵌原料颗粒的大小、色彩应协调。

第十二章

熟制工艺（二）

第一节 蒸

一、蒸的概念和基本方法

1. 概念

蒸是将成型的生坯码放在笼屉（或蒸箱）内，利用蒸汽的热对流使生坯成熟的熟制工艺方法。

（1）蒸制工艺适宜的品种

蒸主要是通过蒸汽传导热量使生坯成熟，所以它主要适用于水调面坯、膨松面坯、米粉面坯等面坯的熟制，如烫面蒸饺、馒头、花卷、糕类、米和米制品等。

（2）蒸制品的特点

蒸制工艺的加热温度一般在100 ℃以上，所以适应性较广。成品具有形态完美、馅心鲜嫩、口感松软、易被人体消化吸收的特点。

2. 基本方法

（1）蒸锅加水

使用蒸锅前，先向蒸锅内加水，水量以八成满为宜（距最底层屉）。

（2）生坯摆屉

根据制品的不同特点在蒸屉上垫上屉布、纸、菜叶或在屉的表面刷一层油，将生坯按一定的间距整齐地摆入屉内。

（3）上笼蒸制

生坯摆放整齐后，一般须待水烧沸产生蒸汽后，再将笼屉置于蒸锅上，将笼屉盖盖严，并根据制品的不同性质控制火力的大小。

（4）控制时间

蒸制时间要根据品种类型、有无馅心等灵活掌握。

（5）成熟下屉

制品经蒸制成熟后要及时下屉，以避免成品与屉布粘连而影响质量。

二、蒸制工艺注意事项

1. 蒸锅内水量要适当。水量少，产汽不足；水太满，沸腾时会外溢，这两种情况都会影响成品的质量。

2. 掌握坯料成熟数量。成熟数量是指一次蒸制坯料的数量。如一次成熟数量太多，蒸锅蒸汽热量与压力不足，将严重影响成品质量。

3. 掌握蒸制时间。由于蒸制对象不同，蒸制时间的长短也不相同，应区别对待。

4. 连续蒸制时，应经常换水，使锅内水质清洁，以保证成品质量。

三、蒸制品制作实例

1. 高桩馒头

（1）原料

面粉 700 g，面肥 50 g，食用碱 5 g。

（2）工艺流程

和面→发酵→对碱→揉面→搓条→下剂→成型→熟制

（3）制作过程

1）将 500 g 面粉放在案台上，开窝，加入 50 g 面肥、175 g 温水，揉和成面坯，盖上洁净的湿布，静置发酵。

2）面坯发起发足后，加入适量的碱水，饺入 150~200 g 干面粉，反复揉搓。

3）将揉光滑后的饺面主坯，搓成粗细均匀的长条，用挖剂的方法下成重约 60 g 的剂子。

4）将下好的剂子揉成顶部为半圆球状、直径约 3 cm、高 7 cm 的圆柱体，放在盒盘内盖好，在 28 ℃左右的温度下醒发 20 min 左右。

5）将生坯放入屉内，上蒸锅旺火蒸制 20 min。

（4）风味特点

色泽洁白，形态直立圆整，光亮润滑，口感干硬，咬劲大，麦香气浓。

（5）制作要点

面坯起发适度，投碱量准确。

2. 千层饼

（1）原料

面粉 500 g，面肥 150 g，麻油 50 g，碱 2.5 g，花椒粉 1 g，精盐 5 g。

（2）工艺流程

和面→发酵→对碱→揉面→搓条→下剂→成型→熟制

（3）制作过程

1）将面粉、面肥、250 g 水和成面坯，醒发。对正碱，揉匀。

2）搓条，下剂。把剂子擀成一头宽、一头窄的长片，抹上麻油，撒上花椒粉和精盐，从窄的一头卷起，用宽的一头将两个边包上。再做成鸭蛋形的生坯。

3）生坯逐个摆屉上火，蒸 20 min 即熟。切开后码盘。

（4）风味特点

暄软香美，层次多而薄、匀。

（5）制作要点

饼层片要薄，要均匀。

3. 水晶桃花饼

（1）原料

澄粉 500 g，猪油 25 g，白糖 175 g，精盐 5 g，莲蓉馅 500 g，红食用色素少许。

（2）工艺流程

和面→揉面→搓条→下剂→制皮→上馅→成型→熟制

（3）制作过程

1）澄粉过罗，放入盆中，加入精盐，将 250 g 水烧开倒入盆内，迅速用面杖搅拌均匀，盖上盖焖 5 min。取出面放在案台上搓匀、搓透，再搓入猪油、白糖，使其与面坯完全融合在一起，擦透。

2）搓条，下剂。用刀将剂子拍成圆皮，包入莲蓉馅，封口成扁圆形，用花钳把生坯自上而下捏出三层花瓣。

3）码屉，用旺火蒸 5 min 即熟。

4）红食用色素用水化开，用筷子蘸上色素，点在蒸好的桃花瓣的中间做花蕊。然后取少许熟油刷在蒸好的水晶桃花饼上即可装盘。

（4）风味特点

形似桃花，绵软香甜。

（5）制作要点

花钳捏制时不要太用力。

第二节 烤（二）

烤是利用烘烤炉内热空气的传热使面坯成熟的一种方法。烤制时，炉内热量是通过辐射、传导和对流的方式进行的，其中起主要作用的是辐射传热，其次是传导传热，对流传热作用最小。烘烤中的辐射是热源直接向制品辐射热能；传导是通过放置制品的烤盘、模具受热后将热量传给面坯；对流是炉内的热空气与面坯表面挥发的热蒸汽相互对流将热量传给面坯。在烘烤过程中，这三种传热方式是混合进行的。烤制的主要特点是炉温较高，制品受热均匀，成品表面色泽鲜明，形态美观。一般烤炉内的温度可在140~300 ℃之间调节。

一、烤炉温度的分类

烤制工艺的火候掌握比其他熟制方法要复杂。烤箱内上下左右的温度对成品质量均有重要影响。烤炉的火力，按大小分为旺火、中火、小火、微火；按部位分为底火、面火。同时，每种烤箱的体积、结构、火位不同，火力也不相同，致使烤箱内不同部位的温度也不一致。

总体来说，烤箱内的温度分四类：140~170 ℃为微火，适宜烤制酥条、桃酥等品种；170~200 ℃为小火，适宜烤制水油皮类的层酥品种；200~240 ℃为中火，适宜烤制质地较柔软的蛋糕类品种；240~280 ℃为旺火，适宜烤制各种烧饼和酵母发酵面坯类的品种。

二、烤制工艺注意事项

1. 注意运用火力

不同品种制品要用不同的火力，同一品种，还要分出不同阶段的火力。只有把这些问题搞清楚了，才能分清火力的情况，分清底火与面火，分清不同品种所用的不同火力，分清不同阶段的火力以及它们的作用和调节方法，从而正确地加以运用，以保证烤制品的质量。

2. 使用炉温要适当

在烤制工艺中，绝大多数品种外表受热以150~200 ℃为宜，即炉温保持在200~250 ℃。过高或过低都会影响成品质量。温度太高，成品外糊内生；温度太低，既不能形成金黄色的表面光泽，也不能使成品内部成熟，反而因为需要较长的烤制时间，导致成品水分蒸发过多，出现干裂、失水现象。有试验表明，面坯表面受到250 ℃以上高温时，内部温度始终不超过100 ℃，一般在95 ℃左右。

3. 善于调节炉温

大多数品种在烤制工艺中，都是采取"先高后低"的温度调节方式。即刚入炉时炉火要旺，炉温要高，使制品表面达到上色的目的。外壳上色后，要降低炉温，使制品内部慢慢成熟，达到内外一致成熟，且外有硬壳，内部松软的目的。有的品种要采取"先低后高再低"的温度调节方式。当成品要求表面色白时，一般使用面火小、底火稍大的方式，这些都要根据具体品种而定。

4. 掌握烤制时间

熟制品种因质感不同和体积大小不同，烤制的时间也不同。薄、小的面坯，烤制时间较短；厚、大的面坯烤制时间稍长。但无论时间是长还是短，其总体要求是必须成熟。

三、烤制品制作实例

1. 五仁酥条

（1）原料

面粉1 000 g，猪油400 g，白糖适量，鸡蛋500 g，发酵粉30 g，五仁馅1 000 g。

（2）工艺流程

和面→制皮→上馅→熟制→成型

（3）制作过程

1）面粉上案开成窝形，将猪油、白糖、鸡蛋放入窝内，发酵粉放在窝外面粉上，用手将油、糖、蛋搓匀，拨入面粉，用复叠的手法将面叠成松酥面坯。

2）取一半松酥面坯放在烤盘内，用面杖擀均匀，四角平整，薄厚一致，厚约0.4 cm。

3）在烤盘的松酥面上均匀铺一层五仁馅，厚约0.5 cm。

4）裁一张与烤盘同样大小的白纸，将另一半松酥面坯擀在白纸上，厚约0.4 cm，用大面杖将面连纸卷起，覆盖在五仁馅上，用手按平，揭去白纸。

5）在面的表面刷一层蛋液，用小木梳划出波浪花纹，放入烤炉中，150 ℃烤约30 min即熟。出炉后晾凉，切成2 cm×4 cm的长方块即成。

（4）风味特点

甘、香、酥、甜。

（5）制作要点

1）和面要用复叠的方法。

2）烤炉温度要低，防止外焦内生。

2. 羊肉烤包

（1）原料

面粉500 g，麻油10 g，羊后腿肉300 g，葱头100 g，胡椒粉10 g，精盐10 g。

（2）工艺流程

和面→揉面→搓条→下剂→制皮→上馅→成型→熟制

制馅 ─────────────────↑

（3）制作过程

1）面粉、水、麻油放入盆内和匀，上案台揉透成水调面坯，待用。

2）羊后腿肉切成边长为1 cm的丁，葱头切成边长为1 cm的片。羊肉放入盆内，分几次加入100 g水，抄拌均匀。加入葱头、胡椒粉、精盐，再次拌匀。

3）将面坯搓条，下剂，制成50个剂子，擀成圆皮，分别包入一份馅，呈五边形，即成烤包生坯。将生坯码入烤盘，表面刷上水。

4）将生坯送入烤炉内，280 ℃烤5~6 min，表面呈虎皮色熟透即成。

（4）风味特点

咸鲜微辣，外酥里嫩，呈虎皮色。

（5）制作要点

1）用每年中秋节后新宰杀的羊肉，口味较好。

2）烤制时的炉温一定要高，否则成品既干又皮。

第三节 烙（二）

烙是通过金属受热后的热传导作用使生坯成熟的方法，其热量来自受热后的锅体。烙制时，将面坯置于平底锅内，锅架于炉火上，使生坯两面反复接触锅体受热，通过锅体的热传导作用，使生坯成熟。

一、烙制工艺分类

烙可分为干烙、刷油烙和加水烙三种。

1. 干烙

干烙是锅内和生坯表面既不刷油也不洒水，直接将生坯放入锅内烙制成熟。干烙制品具有特殊的甘香味。

干烙时，将平锅置于火上，烧热后放上生坯，经反复翻动将生坯两面加热成熟。烙制过程中，由于品种不同，使用的火候也不相同。面坯较薄的品种，成熟时火要旺，熟制快，否则成品会因失水过多而干硬；面坯较厚或包馅的品种，火力应稍低，否则会因火太大而使成品外焦内生。

2. 刷油烙

刷油烙是在干烙的基础上再刷点油。在烙制时，或在锅底刷少量油，每翻动一次刷一次；或在面坯表面刷少量油，也是翻动一面刷一次。烙制时方法和要点与干烙相同。刷油烙制品不但色泽美观（呈金黄色），而且皮面香脆，内部柔软有弹性。

3. 加水烙

加水烙是锅与蒸汽联合传热的熟制法，是在干烙以后再洒水焖熟。加水烙在洒水前的做法与干烙完全一样，但只将一面烙成焦黄色，再洒少许水，盖上锅盖，蒸焖成熟。加水烙的制品底部香脆，上面及边缘柔软，别具特色。

二、烙制工艺注意事项

1. 干烙工艺注意事项

为使成品受热均匀，应经常移动平锅或生坯。烙制过程中，每烙完一锅都要将平

锅擦净,然后再烙下一锅,否则锅体上的黑垢会影响成品外表的美观和清洁。

2. 刷油烙工艺注意事项

刷油要均匀,所用油脂要清洁卫生。

3. 加水烙工艺注意事项

加水烙的"洒水"要洒在锅最热的地方,使之很快产生蒸汽。如一次洒水蒸焖不熟,要再次洒水,一直到成熟为止。每次洒水量要少,宁可多洒几次,不要一次洒得太多,防止烂糊。

三、烙制品制作实例

1. 三杖饼

(1) 原料

面粉 500 g,猪油 90 g,猪里脊肉 300 g,青椒 200 g,土豆 300 g,绿豆芽 300 g,葱白 100 g,精盐 3.5 g,酱油 25 g,料酒 10 g,味精 5 g,麻油 10 g,水淀粉、甜面酱、食用油适量。

(2) 工艺流程

1) 和面→揉面→搓条→下剂→静醒→成型→熟制。

2) 制馅。

(3) 制作过程

1) 将土豆去皮洗净,切成细丝,用冷水浸泡;青椒洗净切丝;绿豆芽择洗好,用沸水烫一下,用冷水冲凉;猪里脊肉切成丝,加适量水淀粉浆好;葱白切成细丝。

2) 将面粉放在案台上,开成窝形,加入温水、40 g 猪油和成面坯,揉匀揉透。将面坯搓成长条,揪成重约 85 g 的长扁形剂子。将面剂拿起,双手按着剂子上下搓揉,右手捏住面剂一头,迅速由里往外摔在案上成长条,再顺势由外往里卷成螺旋形。静醒。

3) 油锅上火烧热,下入浆好的肉丝,滑散后捞出控油。炒锅上火加入 50 g 猪油,下入土豆丝(控干水分)、绿豆芽煸炒,再加入精盐、酱油、料酒、肉丝煸炒几下,加入味精。勾少许水淀粉,淋上麻油即成馅心。

4) 将醒好的面剂用手按成椭圆形。第一杖擀制时,用面杖压住饼的右侧中间,向左前方推擀成半弯月形;第二杖擀制仍沿着饼的右侧中间,从第一杖起点向左后方擀成弯月形;第三杖擀制把剩余的饼片搭在面杖上拎起,待饼片落到案台上的一瞬间,双手握紧面杖顺势向后拉擀成椭圆形,将饼片右侧搭在面杖上,向上再一拎,顺势放在烧热的饼铛中，饼自然成直径 40 cm 左右的圆饼。两面烙成芝麻花状叠起成扇形即可。与炒好的馅心、葱丝、甜面酱同时上桌。

（4）风味特点

饼薄如纸，柔韧咸香。

（5）制作要点

1）面坯要揉匀醒透。

2）擀制时动作要迅速、协调。

3）铛温不可过低或过高。

2. 李连贵大饼

（1）原料

面粉 540 g，猪油 50 g，花椒粉 0.25 g，花生油 75 g。

（2）工艺流程

制油酥→和面→成型→熟制

（3）制作过程

1）取面粉 40 g，加入猪油、花椒粉调成油酥。

2）将 500 g 面粉加入 250 g 清水调成面坯，揉匀揉透，醒 20 min。揉光滑，搓成粗条，揪成重约 150 g 的剂子，搓成长条，将每个剂子分别擀成长 50 cm、宽约 7 cm 的长条，抹上一层油酥（约 18 g）。顺势拉长，从一端叠起约 12 层，成方形，再将两端擀开，将四角折起包上，用手指往里按一下成圆形。

3）把圆坯擀成厚约 0.3 cm 的椭圆形饼，放在烧热的铛上，刷少许花生油，三翻九转，每翻一次，饼面刷油一次，烙成两面焦黄色即可。

（4）风味特点

柔韧适口，咸香味浓，取熏肉并食，风味独好。

（5）制作要点

饼要包严，层次均匀。

3. 清油饼

（1）原料

面粉 500 g，麻油 200 g，精盐 8 g。

（2）工艺流程

和面→醒面→溜条→出条→下剂→成型→熟制

（3）制作过程

1）面粉倒入盆内，加入精盐拌匀，加水 200 g 和成雪球状。用手将 100 g 水搋、

扎成面坯,将水全部扎入面坯内,直至面光润不粘手为止,静醒。

2)将面坯揉成长条,手持两端反复溜面。溜匀后,放在案台上对折,撒上干面粉,出条。

3)将抻好的面丝平铺在案台上,用油刷在表面刷一层麻油(面丝要浸透油),用刀切成 10 cm 长的段。左手将面段的一头按在案台上,右手捏住另一头往上抻,将面丝抻细,如粉丝状,然后将其在案台上由外向内盘成圆饼。

4)饼铛放在火上烧热,降低火力,将圆饼码入饼铛。在表面刷上油,烙制 10 min,从铛上取下,用手指将饼捏松,使饼丝散而不碎,放入盘中即成。

(4)风味特点

色泽金黄,酥香不腻。

(5)制作要点

和面时要依次加水、扎面。

第十三章

装饰工艺（一）

第一节 构 图

中式面点工艺中的构图，是指点心品种装盘时的一种艺术加工方法。装盘构图是否讲究是民间普通面点与宴会造型面点的区别之一。

绘画艺术中，构图的原则一般是多样统一，对比谐调，主次分明等。点心的构图除掌握上述原则外，还须把点心的质地特点和形状特点结合起来。面点的构图不可能像绘画那样组合得十分精巧，但可以借鉴绘画构图的原则，根据实际情况，采取适当的艺术手段，使点心构图有新颖、奇特之感。面点工艺中的构图原则有以下几项。

一、对称与均衡

这是达到形式安定的一种构图原则。对称是一种等形等量、有秩序的排列方式。依据几何学原理，对称中心为一直线的，称之为轴对称；对称中心为一点的，称之为中心对称。面点装盘时的构图，大多以圆盘为构思场所，以点为核心，上下左右、东西南北对称平衡，故中式面点的装盘大多以中心对称应用得较多。具体有下列一些对称表现形式。

1. 圆心与圆周的对称

这是装盘过程中对称最主要的表现形式。它是以盘心为中心，中心与盘周对称相等的点心装盘方法。这种对称利用圆的向心作用，使构图产生一种整体的对称美。

2. 环形圆周对称

这是将点心成品摆成一个环形圆周的对称构图。它给人以紧密感和光环的旋转美。这种对称构图操作较为简便。

3. 均等对称

将点心成品均匀整齐地排列，给人整洁、均衡的感觉。这种均等可以有四边均等、六边均等。它给人以整体美、和谐美和充实美。

4. 对角对称

这是将点心成品摆放成不同的三角形或四边形等形状，使角与角相对排列的方法。这种构图的装盘方法，使整盘点心显得典雅而庄重。

5. 太极对称

中国古老的太极图形越来越多地被运用到烹饪构图中。其中"S"形对称构图具有一种动感，如中式面点中的鸳鸯酥合，整个构图具有浓厚的古朴色彩。

对称构图还广泛地运用于各种盘饰中，给人以条理规整、稳重平和的感觉。它的相互对偶性，正负有对、阴阳相依的普遍规律，寄托了人们成双成对、吉祥美好的愿望。

均衡就是以盛装器皿的中心线为轴，两边等量不等形。均衡是比对称更进一步的美，更活泼的美。均衡是通过艺术手段实现的一种感觉上的平衡，在艺术造型盘饰中常常用到。

二、节奏与旋律

节奏是有规律的变化，给人以美的感受。中式面点构图中节奏美的表现，在于运用点心色泽的固有属性，运用点、线、面、色、形、量的变化，或表现为相间的式样，或表现为相重的式样，构成节奏美。如"棋盘糕"是将小豆糕和豌豆黄间隔相拼装盘，形成黑黄相隔、相间的节奏旋律。这种节奏美，符合人们的美好愿望，能达到和谐的美感。

旋律是在节奏的基础上产生的强弱起伏、缓急动静的优美情调。点心构图的旋律大致有以下几种。

1. 向心律

向心律是向着圆形或椭圆形中心，有节奏地从外往里排列的构图方法。适用于单一品种的造型面点，其陪衬物摆放在中心。如咖喱薯蓉蛋在装盘时，盘心放一只用面捏的天鹅，周围向心摆上薯蓉蛋，就形成了这种向心律。

2. 离心律

离心律是以圆形或椭圆形的圆心为中心，由里向外有节奏地放射排列的构图方法。适用于单一品种的造型面点，陪衬物应摆放在外圈。

3. 回旋律

回旋律是从外线开始向内作旋律上升的构图方法。有向心回旋、离心回旋、边线回旋。这种装盘方法富有鲜明的旋律之美。

三、多样与统一

构图形式美的基本规律与最高法则就是多样统一。多样统一表现出和谐之美。多样统一包括两种基本类型。

1. 对比

各种对立因素之间的统一，相辅相成，造型和谐，谓之对比。对比构图动感强，活泼生动。

2. 调和

非对立因素互相联系的统一，形成不太显著的变化，叫作调和。这种调和构图静感强，庄重大方，表现出相容、一致的性质。海南名点"椰奶软糕盏"，用椰奶制成的圆形软糕上嵌进鲜红的樱桃，放置在圆形的盘中，这大小不同的圆就构成调和的相处关系。

总之，中式面点装盘的构图就是以形式美打动人、感染人。构图的形式美，就是点心成品形态的自然属性以及它们的组合规律所呈现出来的审美特性。这种"有意味的形式"，增强了中式面点的艺术之美。

第二节 面点的色彩

一、色彩术语

1. 光色

光色即光源本来的颜色。如早、晚太阳的红色；中午阳光的白色。

2. 色度

色度指颜色的深浅程度。如绿色分墨绿、深绿、浅绿。

3. 色相

色相即颜色的相貌，通常以色彩的名称来体现。如红、橙、蓝等。

4. 纯度

纯度指色彩的纯净程度，又称浓度、饱和度。

光谱中的红、橙、黄、绿、蓝、紫等色光，都是最纯的高纯度色光。

5. 暖色

暖色是能给人以热烈而温暖感觉的颜色，如红色、黄色等。

6. 冷色

冷色是能给人以凉爽感觉的颜色，一般指绿色、蓝色等。

7. 对比色

色度、色相差别大的色彩同时出现时会产生一种较强烈的对比效果，如黑色与白色，红色与绿色即为对比色。

8. 统一色

色度、色相比较接近的颜色为统一色。如橙色与黄色，浅绿色与青绿色等。

二、色彩的联想与象征

当我们看到色彩时，常常会想起与该色彩相联系的景象，这种因某种机会而出现的景象，我们就称之为色彩的联想。色彩的联想是通过经验、记忆或知识取得的。面点工艺盘饰中，应注意这一点。

色彩的联想可分为具体的联想和抽象的联想。

1. 具体的联想

（1）红色

可联想到火、血、太阳等。

（2）橙色

可联想到灯光、柑橘、秋叶等。

（3）黄色

可联想到光、柠檬、迎春花等。

（4）绿色

可联想到草地、树叶、禾苗等。

（5）蓝色

可联想到大海、天空等。

（6）紫色

可联想到丁香花、葡萄、茄子等。

（7）黑色

可联想到夜晚、炭、煤等。

（8）白色

可联想到白云、白糖、面粉、雪等。

（9）灰色

可联想到乌云、草木灰、树皮等。

2. 抽象的联想

（1）红色

可联想到热情、危险、活力等。

（2）橙色

可联想到温暖、欢喜、嫉妒等。

（3）黄色

可联想到光明、希望、快活、平凡等。

（4）绿色

可联想到和平、安全、生长、新鲜等。

（5）蓝色

可联想到恬静、悠久、理智、深远等。

（6）紫色

可联想到优雅、高贵、庄重、神秘等。

（7）黑色

可联想到严肃、刚健、恐怖等。

（8）白色

可联想到纯洁、神圣、清净、光明等。

（9）灰色

可联想到平凡、失意、谦逊等。

这些色彩的联想经多次反复，几乎固定了它们专有的色相，于是该色就变成了该事物的象征。

三、颜色的味觉表现力

1. 白色

白色给人以整洁、软嫩、清淡之感。如糯米年糕、艾窝窝、糯米糕。而白色带油光时,则常给人肥浓的味觉,如各种包子(皮面中有适量的油脂)。

2. 红色

红色是与味觉联系极为密切的颜色,给人印象强烈、味觉鲜明,仿佛能感到浓厚的香味和酸甜味的感觉。

3. 黄色

黄色多给人清香的感觉,鲜美之感略逊于红色。金黄色多具酥脆、干香感,如擘酥角、排叉、黄桥烧饼等;蛋黄色则有嫩而淡香和甜味感,如蒸制的蛋糕;橘黄、深黄色则有香甜、肥糯的特色。但黄色,尤其是淡黄色也给人以淡薄味寡之感,所以一些炸制点心,如黄色太浅,则可能被认为不熟。

4. 绿色

绿色给人以明媚、鲜活、自然之感。淡绿、葱绿和嫩绿意味着新鲜、清淡,若再配以淡黄则更觉突出。如"绿茵玉兔"中的菜松、澄面捏的小萝卜缨等装饰物。但黄绿色容易使人联想到枯叶,应少用。

5. 茶色(咖啡色、褐色)

茶色是红茶、咖啡、巧克力、可可所具有的本色。它们具有浓郁芳香的美感。如巧克力饼干、芝麻酱花卷、核桃盏等。茶色有增强味感的作用。

6. 黑色

黑色给人以煳苦感。油黄的深枣红色,似黑但却给人味浓、干香、耐人寻味、余味隽永的印象,如五香牛肉干、豆酱、焦枣。

7. 蓝色

蓝色给人不香或不是菜肴的感觉。天然的食物几乎无蓝色。但蓝为冷色,使人冷静,有清静、凉爽的效果。用白底蓝花的盘子盛上点心,在吃了冷荤、热炒,喝了烧酒,耳热舌燥之时,将其上桌,则很素雅清爽,使人有冷静、清醒之感。

第三部分 中式面点师高级

第十四章

综合知识

第一节 点心价格计算

一、点心价格的特点

1. 价格构成的特殊性

由于点心生产过程也是企业产、销、服务的过程，所以点心价格的构成从理论上讲，应当包括点心从生产到消费的全部费用和各个环节的利润、税金。即点心价格的构成应是点心的原料成本、生产经营费用、利润和税金四部分内容之和。但是各种点心在加工和销售过程中，除原料成本以外，其他经营费用，如工资、水、电、燃料的消耗等很难按各种点心的生产实际消耗直接计算。所以，长期以来，人们在核定点心价格时，只将原料成本作为成本要素，将生产经营费用、利润、税金合并在一起称为"毛利"，用以计算饮食产品价格。因此，从计算角度讲，点心价格的构成，通常用下式表示：

$$点心价格 = 原料成本 + 生产经营费用 + 利润 + 税金 \quad (14-1)$$

或

$$点心价格 = 原料成本 + 毛利 \quad (14-2)$$

2. 价格水平的灵活性

点心的价格受原料进价成本、产品种类、质量、规格等多方面因素影响，价格水平是很灵活的。为此，餐饮经营者必须根据企业的具体情况，灵活掌握点心的价格水平，始终保持与市场的最佳适应性。

3. 价格形式的多样性

点心品种多，应用范围广，价格随着制品的用途不同呈多样性。因此，餐饮经营者必须充分认识点心产品价格的多样性，要根据点心的质量、销售方式灵活掌握价格标准，以适应各种类型的消费者及各种形式的消费需要。

4. 价格管理的时令性

点心价格的时令性是由点心原料的时令性、市场需求的季节性决定的。为此，管理者既要坚持灵活进出、时菜时价的原则，又要根据季节、时令和市场需求变化，在调整菜单的过程中，调整产品价格。

二、点心价格的制定原则及方法

1. 制定原则

点心价格的制定是根据"按质论价，优质优价，时菜时价"的原则，结合本企业的特点逐一确定的。具体应遵循以下原则。

（1）价格要反映产品的价值。

（2）价格必须适应市场需求。

（3）制定价格既要相对灵活，又要相对稳定。

2. 制定方法

饮食企业制定价格的方法有多种，如"随行就市"法，系数定价法，毛利率法，主要成本率法，本、量、利综合分析定价法等，在厨房范围内以前三者为多见。

（1）"随行就市"法

在实际中经常使用，是制定价格最简单的方法，它是把竞争对手的点心价格为己所用。

（2）系数定价法

这种方法是以成本为出发点的定价方法。

（3）毛利率法

这种方法是以点心的毛利率为基数的定价方法。

三、产品价格策略

1. 满意利润策略

以争取正常利润为主，重点在掌握企业综合毛利率和分类毛利率基础上，使产品价格补偿原料成本和营业费用后，有比较合理的利润。

2. 市场占领策略

产品价格以占领市场为主要目标，它包括占领新的市场和扩大原有产品的市场占有率。

3. 声望价格策略

以创造企业某种特色、某类产品的名贵形象，形成市场声望，从而获得较好的经济效益为目标。

4. 竞争价格策略

以开展市场竞争，扩大产品销售，增强企业竞争能力为主要定价目标。

5. 心理价格策略

在掌握顾客心理的基础上，通过定价刺激顾客消费，以获得良好的经济效益。

四、产品定价程序

1. 判断市场需求

在市场调查的基础上，掌握消费者对产品价格的接受程度，判定产品的市场需求。

2. 确定定价目标

在保持产品价格和市场需求最佳适应性的基础上，确定定价目标，从而达到产品的价格既能为客人所接受，又能为企业获得利润的目的。

3. 预测产品成本

确定价格目标后，分析产品成本、费用水平，为确定产品价格提供客观依据。

4. 分析同行竞争对手的价格

价格是企业开展市场竞争的重要手段，在分析同行同一档次、同种规格、同类产品价格的基础上，选择自己的定价策略。

5. 制定毛利率标准

产品价格是根据产品成本和毛利率来制定的。毛利率的高低直接决定价格水平。因此，在确定产品价格前必须确定合理的分类毛利率和综合毛利率标准。

分类毛利率是某一类餐饮产品的毛利额与产品销售价格或原料成本的比率。综合毛利率是某一等级、某种类型的企业餐饮产品的平均毛利率。

6. 选择定价方法

由于产品价格目标的不同，所以定价方法也不一样。常见的有以成本为中心、以利润为中心和以竞争为中心的定价方法，各企业应结合自己产品的定价目标来选择具

体的定价方法。

五、毛利率

1. 毛利率

毛利率是毛利与某些指标之间的比率。厨房常用的指标是成品销售价格和成品的原料成本,以这两个指标定义的毛利率称为销售毛利率和成本毛利率。

（1）销售毛利率

销售毛利率又称内扣毛利率,是点心毛利额与点心销售价格之间的比率。其公式是：

$$销售毛利率 = \frac{点心毛利额}{点心销售价格} \times 100\% \qquad (14-3)$$

例 14-1 奶油蛋糕 1 个,成本为 28 元,销售价格为 50 元,问此蛋糕的销售毛利率应是多少？

解： 奶油蛋糕毛利额 =50 元 -28 元 =22 元

$$销售毛利率 = \frac{22 \text{元}}{50 \text{元}} \times 100\% = 44\%$$

答： 奶油蛋糕的销售毛利率为 44%。

根据价格构成公式,销售毛利率与成本率有下述关系：

$$销售毛利率 + 成本率 = 1$$

（2）成本毛利率

成本毛利率又称外加毛利率,是点心毛利额与点心成本之间的比率。其公式是：

$$成本毛利率 = \frac{点心毛利额}{点心成本} \times 100\% \qquad (14-4)$$

例 14-2 一份柠檬排的成本为 10.4 元,其销售价格为 22.8 元,求柠檬排的成本毛利率。

解： 柠檬排毛利额 =22.8 元 -10.4 元 =12.4 元

$$成本毛利率 = \frac{12.4 \text{元}}{10.4 \text{元}} \times 100\% \approx 119.23\%$$

答： 柠檬排的成本毛利率约为 119.23%。

2. 毛利率的换算

在点心的销售价格和耗料成本一致的情况下,销售毛利率与成本毛利率之间有如下关系：

$$销售毛利率 = \frac{成本毛利率}{1+成本毛利率} \quad (14-5)$$

$$成本毛利率 = \frac{销售毛利率}{1-销售毛利率} \quad (14-6)$$

例 14-3 "银丝卷"成本毛利率为 72%，在产品成本不变的条件下，其销售毛利率是多少？

解：$$销售毛利率 = \frac{72\%}{1+72\%} \approx 41.86\%$$

答："银丝卷"的销售毛利率约为 41.86%。

例 14-4 某点心的销售毛利率为 60%，在产品成本不变的条件下，其成本毛利率是多少？

解：$$成本毛利率 = \frac{60\%}{1-60\%} = 150\%$$

答：某点心的成本毛利率是 150%。

3. 毛利率确定的一般原则

（1）与普通客人关系密切的一般产品，毛利率从低。宴会、名点名菜、风味独特的餐饮产品，毛利率从高。

（2）技术力量强，设备条件好，费用开支大，服务质量高，产品用料名贵、质量好，货源紧张，产品加工复杂、精细的，毛利率从高，反之从低。

（3）团体或会议客人的餐饮产品，批量大，单位成本相对较低，毛利率从低。零散客人的餐饮产品，批量小，服务细致，单位成本高，毛利率应略高一些。

4. 毛利率的核算

在厨房范围内，无特别说明的，其毛利率的核算指的都是对销售毛利率的核算。毛利率的正确核算是考核厨房经营情况的重要指标，它可以检查厨房在经营上是否保持合理的盈利水平。

毛利率核算的方法是以一定的时间周期为核算区间，首先计算出这个时间周期内的菜点销售额和全部耗用原料成本，然后，利用销售毛利率法计算售价的公式，求出销售毛利率。

例 14-5 某厨房某日的菜点销售额为 1 035 元，其中全部耗用原料成本 500 元，厨房的销售毛利率为 50%，试求实际销售毛利率为多少？实际销售毛利率的相对误差为多少？

解：$$实际销售毛利率 = \frac{销售额 - 成本}{销售额} \times 100\% = \frac{1\,035\,元 - 500\,元}{1\,035\,元} \times 100\% \approx 51.69\%$$

$$相对误差 = \frac{|50\% - 51.69\%|}{50\%} \times 100\% = 3.38\%$$

答：实际销售毛利率约为 51.69%，相对误差为 3.38%。

六、产品价格计算

1. 成本毛利法

成本毛利法又称外加法、加成率法，它是以耗用原料成本作为基数定义的毛利率来计算价格的方法。其计算公式为：

$$点心销售价格 = 点心原料成本 \times (1 + 成本毛利率) \quad (14-7)$$

例 14-6 某点心房做蛋糕 200 块，用面粉 2.5 kg，每千克 3 元；白糖 2.5 kg，每千克 5.6 元；鸡蛋 5 kg，每千克 6 元；若成本毛利率为 80%，求蛋糕的单位售价。

解：蛋糕总成本 = 3 元 × 2.5 kg + 5.6 元 × 2.5 kg + 6 元 × 5 kg = 7.5 元 + 14 元 + 30 元 = 51.5 元

$$蛋糕单位成本 = \frac{51.5 \text{元}}{200 \text{块}} \approx 0.26 \text{元}/\text{块}$$

$$蛋糕单位售价 = 0.26 \text{元}/\text{块} \times (1 + 80\%) \approx 0.47 \text{元}/\text{块}$$

答：蛋糕的售价为每块 0.47 元。

2. 销售毛利率法

销售毛利率法又称为内扣法、毛利率法，它是以销售价格为基数定义的毛利率来计算的。其计算公式为：

$$点心销售价格 = \frac{点心原料成本}{1 - 销售毛利率} \quad (14-8)$$

例 14-7 某面点间做豆沙包，用 500 g 面粉做 20 个豆沙包皮子，用 300 g 豆沙馅做 15 个馅心，已知面粉进价为每千克 3 元，豆沙馅进价为每千克 6.8 元，若按销售毛利率 45% 计算，求豆沙包的单位售价。

解：豆沙包单位售价 $= \frac{3 \text{元} \times 0.5 \text{kg}}{20 \text{个}} + \frac{6.8 \text{元} \times 0.3 \text{kg}}{15 \text{个}} = 0.075 \text{元}/\text{个} + 0.136 \text{元}/\text{个}$

$\approx 0.21 \text{元}/\text{个}$

$$豆沙包单位售价 = \frac{0.21 \text{元}/\text{个}}{1 - 0.45} \approx 0.38 (\text{元}/\text{个})$$

答：豆沙包的单位售价为每个 0.38 元。

3. 系数定价法

系数定价法是以点心原料成本乘以定价系数计算价格的方法。其中定价系数是计划点心成本率的倒数（成本率是点心成本与销售价格的比率，即成本率 $= \frac{点心成本}{销售价格} \times 100\%$）。如某点心计划成本率为 50%，那么其定价系数即为 $\frac{1}{50\%}$。销售价格的计算公式为：

售价 = 点心成本 × 定价系数   (14-9)

例 14-8 已知一块奶油蛋糕成本为 3 元，计划此蛋糕的成本率为 50%，此蛋糕的售价是多少？

解： 售价 =3 元 × $\frac{1}{50\%}$ =3 元 ×2=6（元）

答： 此蛋糕的售价是 6 元。

第二节　合理烹调，降低营养素的损失

食物中的营养素在加工过程中会发生一系列复杂的物理和化学变化。有些营养素，如蛋白质、脂肪、糖类等通过加热会变得更易被人体消化吸收；有的营养素则或多或少地会损失掉一些，如一些可溶性维生素、无机盐等。为了做到合理烹调，需要了解营养素损失的原因，采取必要的措施，最大限度地保存食物中的营养素，达到营养膳食的目的。

一、面点工艺中营养素损失的原因

食物中所含的营养素经过烹调加工，除蛋白质、脂肪和糖类损失破坏较少外，维生素及各种无机盐均易遭到不同程度的破坏和损失，其原因可归纳为以下几点。

1. 溶解流失

一般制作面点的杂粮和制馅原料在加工之前均需洗涤或切配，如果洗涤、切配方法不得当，会造成一些水溶性维生素及无机盐的流失。

例如，我们知道维生素分为水溶性和脂溶性两种，水溶性维生素只溶于水，这样传统的洗涤方法将使大量的水溶性维生素随水流失。厨房中传统的淘米方法，使米中的水溶性维生素随水大量流失，其中维生素损失 36%~60%，无机盐损失近 20%（见表 14-1）。

● 表 14-1　　　　　　米经冲洗后维生素损失情况

维生素种类	维生素含量（mg/100 g）		损失（%）
	冲洗前	冲洗后	
维生素 B_1	0.1	0.04	60
维生素 B_2	1.9	1.0	47.37

随着社会的发展，不淘洗米逐步被消费者所认知和青睐。不淘洗米，即在碾米机出口处加装适当的风力装置，除去附着于米粒上的细糠。大米用食品塑料袋密封包装，食用时可直接下锅。这样不仅保留了米中的水溶性维生素，由于密封包装的大米处于缺氧状态，还可以有效地抑制害虫和微生物的生长，从而提高了大米的储藏品质。

又如，蔬菜和水果中的维生素及无机盐大量存在于细胞汁液中，如果加工方法不得当会使营养素大量流失。比如先切后洗，会造成部分维生素和无机盐等营养素通过切口溶解到水里而损失掉。制馅时，原料切得越碎，冲洗的次数越多，或用水浸泡的时间越长，则溶于水中的营养素就损失得越多。

另外，一些烹调方法及饮食习惯也易造成营养素的损失。

如吃捞面条，将面汤弃掉，会导致维生素 B_1 损失 49%，维生素 B_2 损失 57%，维生素 PP 损失 22%；用捞饭法做米饭把米汤去掉再蒸，一部分营养素随汤损失，其中维生素 B_1 损失 67%，维生素 B_2 损失 50%，维生素 PP 损失 76%。

沸水焯料虽然可以去掉原料中的草酸，但也使食物中的其他营养素损失很大，用某些蔬菜制馅时，即存在这一问题。如白菜切碎后沸水焯 2 min，取出后挤去菜汁，会使菜中的维生素 C 损失 77%。

2. 加热损失

加热是将原料制成成品的主要工艺过程，它一方面可以使食物中的营养素便于人体消化吸收，另一方面又会使一些营养素遭到破坏，特别是维生素 C、胡萝卜素等营养素遇热损失的程度尤为突出。

例如在煮鸡汤时，鸡肉中的可溶性蛋白质、矿物质、脂肪会从肉中溢出而溶于汤中，使汤不仅味美而且营养丰富，但是不耐热的维生素却会有所损失。如维生素 B_1 损失可达 60%~65%。

在面点的熟制工艺中，炸和烤造成的维生素损失最为严重，其中维生素 B_1、维生素 B_2 及维生素 PP 的损失多达 50%；其次是蒸、煎、烙，蒸可使维生素 B_1 损失 41%~47%；如果煮制食品连汤一起吃掉，则营养素损失较少。

面点熟制加热的温度越高、时间越长，维生素的损失也就越多。

3. 氧化损失

食物中的一些营养素有被氧化而破坏的特性。食物切开后与空气中的氧气接触，会使一些营养素被氧化破坏。

例如黄瓜切成薄片后 1 h，其中的维生素 C 会损失 33%~35%，放置 3 h 损失可达 41%~49%。这主要是因为切口长时间接触空气中的氧气，使维生素被氧化而损失。

面点工艺中,制馅原料切得越小、越碎,馅心放置的时间越长,氧化的面积就越大,维生素损失得也越多。

4. 加碱损失

维生素 C、维生素 B_1、维生素 B_2 等遇到碱性物质时,很容易被分解。因此在面点工艺中加碱,会增加维生素的损失。

例如传统的中式面点工艺做馒头对碱、煮粥时为增加黏稠度加碱、煮豆时为使其易烂而加碱、做绿色蔬菜馅时为使其嫩绿而加碱的方法,都会使 B 族维生素大量被破坏。这是我国居民膳食结构严重缺少维生素的主要原因之一。同时,碱性大,也会影响人体对矿物质的吸收。

二、面点工艺中营养素的保护措施

在面点工艺中,为减少原料营养素的大量损失,使食物中的营养素充分被人体所利用,应采取下列保护措施。

1. 合理洗涤

对于各种食品原材料,应避免用力搓洗和多遍淘洗。以洗净为度,千万不要太用力搓洗,以免将原料的表面细胞壁搓坏,使营养素随水流失或氧化损失。

2. 科学切配

科学切配包括三方面的含义。一是对于各种原料,要先洗后切;二是要尽量减少切配与熟制之间的时间间隔,因为切配与熟制之间的时间间隔越长,营养素损失得越多;三是在工艺允许的情况下,应尽量将原料切得相对大一些。

3. 上浆挂糊

上浆挂糊是热菜工艺中较为常见的一种方法,它可以在食品原料的表层形成保护层,从而避免食物中的营养素受高温而遭破坏,同时减少原料汁液的流出。面点工艺中虽然上浆挂糊的品种不多,但这种方法值得提倡。

4. 适当加醋

食品中几种重要的维生素极易被碱破坏,而酸性液体能使维生素较稳定。在面点工艺中适量加醋,可使维生素 B_1、维生素 B_2、维生素 C 增加稳定性。

例如做排骨面,炖排骨汤时适量加一些醋,可以促进排骨中钙的溶解,使汤中钙的含量大大提高,从而增加人体对钙的吸收。

5. 提倡鲜酵母发酵

制作面食时使用鲜酵母发酵,一方面可增加对 B 族维生素的保护,另一方面可破

坏面粉中的植酸盐,有利于人体对钙和铁的吸收。西式面点中用酵母做面包的工艺值得推广。

6. 正确使用熟制方法

食物中的营养素在不同的加热方法中会不同程度地受到破坏和损失,因此要正确使用熟制方法。

对于熟馅应采取急火快炒的烹调方法,急火快炒可以避免水溶性维生素的流失,同时还可以去掉植物性原料中的草酸和植物酸,有利于人体对钙的吸收。对于需整制的鸡、鸭等禽肉类原料,为避免大量汁液流出,应采取先急火、后慢火煮的方法。

第十五章

面点原料知识（三）

第一节 食品添加剂

食品添加剂是指为改善食品色、香、味、形品质，以及为防腐、保鲜和加工工艺需要而加入食品中的化学合成物质或者天然物质。

食品添加剂按其来源可分为天然食品添加剂和化学合成食品添加剂两大类。目前我国使用较多的是化学合成食品添加剂。天然食品添加剂是利用动、植物或微生物的代谢产物等为原料，经提取所得的天然物质。化学合成食品添加剂是通过化学手段，使元素或化合物发生氧化、还原、缩合、聚合等反应所得到的物质。

食品添加剂按其用途可分为膨松剂、着色剂、食品用香料、防腐剂、增稠剂、乳化剂等，本节就餐饮业常用的添加剂介绍如下。

一、食用色素

食用色素是以为食品原料着色为目的的食品添加剂。按来源和性质，可分为食用合成色素和食用天然色素。

1. 食用合成色素

食用合成色素是以煤焦油为原料制成的，故通称煤焦色素或苯胺色素。

（1）合成色素的一般性质

1）溶解性。影响合成色素溶解性的主要因素有温度、pH 值、食盐等盐类以及水的硬度。

①温度。水溶性色素的溶解性随温度的上升而增加，但增加量因色素的不同而不同。

②pH值。一般pH值越低，色素溶解性也越低。

③食盐等盐类。食盐等盐类因为会发生盐析作用，也会降低色素溶解性。

④水的硬度。水的硬度高，易使色素变成难溶解的色素沉淀。

2）染着性。食品色素的使用可分为两种情况。一种是使之在液体或酱状的食品基质中溶解，混合成分散状态；另一种是染着在食品的表面。后者要求对基质有一定的染着性，希望能染着在蛋白质、淀粉及其他糖类的表面。不同的色素染着性不同。

3）稳定性。稳定性是衡量食品色素品质的主要指标。影响合成色素稳定性的因素主要有热、碱、酸、氧化、日光、盐、细菌等。

①耐热性。色素的耐热性与共存的物质，如糖类、食盐、酸、碱等有关。当与上述物质共存时会促使其变色、褪色。

②耐碱性。使用碱性膨松剂的糕点，要考虑色素的耐碱性问题。这些食品都需要高温处理，所以影响较大。

③耐酸性。合成色素在酸性较强的溶液中可形成色素沉淀或引起色变。

④耐氧化性。合成色素的耐氧化性与空气的自然氧化、氧化酶的影响、含游离氧或残存次氯酸钠的用水、共存的重金属离子等有关。

⑤耐还原性。合成色素可因还原作用而褪色。

⑥耐光性。合成色素的耐光性随水的性质及与色素共存物质的种类不同而有所差异。

⑦耐盐性。主要是腌渍制品合成色素耐盐性问题。不同的色素在不同的盐浓度（波美度）条件下，其稳定性也不同。

⑧耐细菌性。不同的合成色素对细菌的稳定性也不同。

（2）常用的合成色素

我国允许使用的合成色素主要有苋菜红、胭脂红、柠檬黄、日落黄、靛蓝等。其使用性质见表15-1。

1）苋菜红为红色均匀粉末，无臭，0.01%水溶液呈玫瑰红色，不溶于油脂。耐光、热、盐，耐酸性良好。对氧化、还原作用敏感。

2）胭脂红为红至深红色粉末，无臭，溶于水呈红色，不溶于油脂。耐光、耐酸性良好，耐热、耐还原、耐细菌性较弱。遇碱变成褐色。

● 表 15-1　　　　　　　　几种食用合成色素使用性质比较

名称	溶解性			稳定性							
	水（%）	乙醇	植物油	耐热性	耐碱性	耐酸性	耐氧化性	耐还原性	耐光性	耐盐性	耐细菌性
苋菜红	17.2（21℃）	极微	不溶	1.4	1.6	1.6	4.0	4.2	2.0	1.5	3.0
胭脂红	23（20℃）	微溶	不溶	3.4	4.0	2.2	2.5	3.8	2.0	2.0	3.0
柠檬黄	11.8（21℃）	微溶	不溶	1.0	1.2	1.0	3.4	2.6	1.3	1.6	2.0
日落黄	25.3（21℃）	微溶	不溶	1.0	1.5	1.0	2.5	3.6	1.3	1.6	2.0
靛蓝	1.1（21℃）	不溶	不溶	3.0	3.6	2.6	5.0	3.7	2.5	4.0	4.0

注：稳定性栏中 1.0~2.0 表示稳定；2.1~2.9 表示中等程度稳定；3.0~4.0 表示不稳定；4.0 以上表示极不稳定。

3）柠檬黄为橙黄色均匀粉末，无臭，0.1%水溶液呈橙黄色，不溶于油脂。耐热、耐酸、耐光、耐盐性均好，耐氧化性差。遇碱稍变红，还原时褪色。

4）日落黄为橙色颗粒或粉末状，无臭，0.1%水溶液呈橙黄色，不溶于油脂。耐光、耐热、耐酸性极强。遇碱呈红褐色，还原时褪色。

5）靛蓝呈蓝色颗粒或均匀粉末状，无臭，0.05%水溶液呈深蓝色，不溶于油脂。对光、热、酸、碱、氧化均很敏感，耐盐性、耐细菌性较弱，还原时褪色，染着力好。

2. 食用天然色素

食用天然色素是指由动、植物组织中提取的色素。

（1）食用天然色素的一般特性

食用天然色素与食用合成色素相比，具有以下特点。

1）天然色素多来自动、植物本身，因而使用时安全可靠；有些天然色素本身就是食品成分，因而对人体还有补充营养和疗病作用；色调自然。

2）天然色素多难溶解，不易染着均匀；因为是从天然物中提取的，受共存成分的影响，有时有异味；随 pH 值的变化，有时色调变化不明显；染着性差，某些天然色素有与基质反应而发生变色的情况；难以用不同色素配制出需要的色调；在加工及储存中，由于外界因素的影响易劣化。

（2）常用的天然色素

我国允许使用的红曲米、紫胶红、β-胡萝卜素、叶绿素铜钠盐及焦糖色等5种天然色素，具有以下性状。

1）红曲米（红曲色素）。红曲米为整粒米或不规则的碎米。外表呈棕紫红色或紫红色。质轻脆，断面粉红，无虫蛀及霉变，微有酸气，味淡。溶于热水及酸、碱溶液，pH值稳定；耐热、耐光性强；几乎不受金属离子和氧化、还原剂的影响；对蛋白质的染着性好，一旦染着后水洗也不褪色。

2）紫胶红（虫胶红）。紫胶红是紫胶虫在某种植物上分泌的紫胶中的一种色素成分，为鲜红色粉末。纯度越高，在水中溶解度越小；在酸性环境中对光和热稳定；色调随pH值改变而改变（pH<4.5时为橙黄色，pH=4.5~5.5时为红色，pH>5.5时为紫红色，pH>12的环境下放置则褪色）；易溶于碱液，易与碱金属以外的金属离子生成沉淀。

3）β-胡萝卜素。广泛存在于动、植物组织中，如胡萝卜、辣椒、鸡蛋、奶油等。为红紫色至暗红色的结晶状粉末，稍有特异臭味。不溶于水和甘油，溶于橄榄油；弱碱性时较稳定；对酸、光、氧不稳定；色调在低浓度时呈橙黄到黄色，高浓度时，重金属离子可促使其褪色。

4）叶绿素铜钠盐。叶绿素广泛存在于一切绿色植物中，因此多从植物中提取叶绿素。叶绿素铜钠盐为有金属光泽的墨绿色粉末，有氨气臭味。水溶液呈蓝绿色，透明，无沉淀；耐光性较强。

5）焦糖色。焦糖色又称焦糖、酱色、糖色，是我国的传统色素之一。由于使用的原料和制造的温度不同，其性状有一定的差异。焦糖为红褐色或黑褐色液体，易溶于水；色调不受pH值及在空气中过度暴露的影响；pH>6.0时易发霉。

3. 食用色素的储存

（1）合成色素

因吸湿性强，应存于干燥、阴凉处。如长期保存，应装于密封容器中，以防止受潮变质。

（2）天然色素

一般应在密封、避光、阴凉处保存，不可直接接触铜、铁质容器。

食用色素的最大用量及储存方法见表15-2。

● 表 15-2　　　　　　　食用色素的最大用量及储存方法

种类 \ 项目		最大用量（g/kg）	储存
合成色素	苋菜红	0.05	因吸湿性强，应存于干燥、阴凉处。长期保存时，应装于密封容器中，防止受潮变质
	胭脂红	0.05	
	柠檬黄	0.1	
	日落黄	0.1	
	靛蓝	0.1	
天然色素	红曲米	按需要	密封保存
	紫胶红	0.5	密封，不可直接接触铜、铁器
	β-胡萝卜素	按需要	置避光容器中，充满氮气，密封存于阴凉处
	叶绿素铜钠盐	0.5	密封保存
	焦糖色	按需要	密封保存

二、膨松剂

膨松剂是面点加工工艺中的主要添加剂，它受热会分解产生气体，使面坯起发形成致密多孔的组织结构，从而使制品膨松、柔软或酥脆。

1. 膨松剂必须具备的条件

膨松剂除了应具有安全性高、价格低廉等一般要求外，还须具备以下条件。

（1）能以较低的使用量产生较多的气体。

（2）在冷的面团里气体产生慢，而加热时则能均匀地产生大量的气体。

（3）加热分解后的残留物不影响成品的风味和质量。

（4）储存方便，在储存期间不易分解失效。

此外，应注意不能以硼酸、硼砂（四硼酸钠）等作为膨松剂，由于这些硼化物对人体健康有害，我国已经禁止使用。

2. 膨松剂的种类

面点制作工艺常用的膨松剂有两大类：一类是化学膨松剂，另一类是生物膨松剂。

（1）化学膨松剂

化学膨松剂可分为两类：一类是碱性膨松剂，如碳酸氢钠等；另一类是复合膨松

剂,如发酵粉等。

(2)生物膨松剂

生物膨松剂常用的有两种,即压榨鲜酵母和活性干酵母。另外,我国传统工艺中广泛使用的面肥中含有酵母菌,也可算作是一种生物膨松剂。

3. 膨松剂的理化性质

(1)化学膨松剂

1)碳酸氢钠($NaHCO_3$)的理化性质

碳酸氢钠又名小苏打,呈白色粉末状,味微咸,无臭味。在潮湿或热空气中缓缓分解放出二氧化碳,分解温度60 ℃,加热至270 ℃即失去全部二氧化碳,产气量约261 mL/g。水溶液pH值为8.3,呈弱碱性。

2)碳酸氢铵(NH_4HCO_3)的理化性质

碳酸氢铵又名臭粉,呈白色粉状结晶,有氨臭味。热稳定性差,在空气中易风化,固体在58 ℃、水溶液在70 ℃分解出氨气和二氧化碳,产气量约为700 mL/g。易溶于水,稍有吸湿性,水溶液pH值为7.8,呈弱碱性。

3)发酵粉的理化性质

发酵粉是由酸剂、碱剂和填充剂组合成的一种复合膨松剂。在发酵粉中主要是酸剂和碱剂相互作用产生二氧化碳;填充剂的作用在于增加膨松剂的易保存性,防止吸湿结块和失效,同时也有调节气体产生速度或使气体均匀产生等作用。发酵粉呈白色粉末状,无异味。在冷水中分解,放出二氧化碳。水溶液基本呈中性,二氧化碳散失后,略显碱性。

(2)生物膨松剂

1)压榨鲜酵母。呈块状,乳白或淡黄色;具有酵母特殊的味道,无腐败气味,不黏,无其他杂质;含水量75%以下,较易酸败;发酵力强而均匀。

2)活性干酵母。呈小颗粒状,一般为淡褐色;含水量10%以下,不易酸败;发酵力强。

3)面肥。指含有酵母的面头。行业里也称其为老肥、老面。面肥中除含有酵母菌外,还含有乳酸菌、醋酸菌等杂菌。

4. 膨松剂的使用

(1)碳酸氢钠与碳酸氢铵

碳酸氢钠分解后残留碳酸钠使成品呈碱性而影响口味,使用不当会使成品表面有黄色斑点。碳酸氢铵分解后产生带强烈刺激性气味的氨气,虽然极易挥发,但成品中仍可残留一些,从而带来一些不良口感。

此外，食品中的维生素在碱性条件下加热容易被破坏。因此，要适当控制碳酸氢钠和碳酸氢铵的用量。碳酸氢钠一般应控制在2%以内，碳酸氢铵应控制在1%以内。

（2）发酵粉

发酵粉在冷水中即可分解产生二氧化碳，因而，在使用时应尽量避免与水过早接触，以保证正常的发酵力。

（3）酵母

使用时一般需加入30 ℃的温水将其溶成酵母液，再加入少许糖或酵母营养盐，以恢复其活力。应注意避免酵母液直接与食盐、浓度过高的糖液、油脂等物质混合。

膨松剂的一般用量和保存方法见表15-3。

● 表15-3　　　　　　　膨松剂的一般用量和保存方法

种类	一般用量	保存方法
碳酸氢钠（小苏打）	按"生产需要适量使用"	密封，在干燥处保存
碳酸氢铵（臭粉）	按"生产需要适量使用"	密封，在阴凉干燥处保存
发酵粉	3%	密封保存
压榨鲜酵母	2%	4 ℃保存
活性干酵母	2%	密闭保存

三、食品香料

食品香料是指能够用于调配食品香精，使食品增香的物质。它不仅有助于增进食欲，利于人体消化吸收，而且对增加食品的花色品种和提高食品质量具有很重要的作用。

食品香料是一类特殊的食品添加剂，其品种多、用量小，大多存在于天然食品中。目前，世界上使用的食品香料品种有近2 000种，我国批准使用的品种在1 000种以上。

1. 食品香料的分类

食品香料按其来源和制造方法的不同，通常分为天然香料、天然等同香料和人造香料三类。

（1）天然香料

它是用纯物理方法从天然芳香植物或动物原料中分离得到的物质，安全性高。如精油、酊剂、浸膏、净油和辛香料油树脂等。

（2）天然等同香料

它是用合成方法得到或由天然芳香原料经化学分离得到的物质。这类香料与天然香料（不管是否加工过）中存在的物质在化学结构上是相同的。这类香料品种很多，占食品香料的大多数，对调配食品香精十分重要。

（3）人造香料

它是在天然香料（不管是否加工过）中尚未发现的香味物质。此类香料品种较少，它们均是用化学合成方法制成的，其化学结构在自然界中尚未发现。基于此，这类香料的安全性引起人们的极大争议。

2. 常用的天然香料

（1）肉桂油

肉桂油别名中国肉桂油。

1）基本性状。由中国肉桂的枝、叶、树皮或籽经水蒸气蒸馏法提取制成。粗制品为深棕色液体，精制品为黄色或淡棕色液体。放置日久或暴露于空气中会使油色变深，油液变稠，严重的会有肉桂酸析出。

2）最大用量。面点制作工艺中最大使用量为 73 mg/kg。

（2）玫瑰花油

1）基本性状。由多种新鲜玫瑰花经水蒸气蒸馏制得。为无色至黄色液体，25 ℃时为黏稠液体，逐渐冷却后，会变为半透明结晶状固体，加热后会再次液化。

2）最大用量。面点制作工艺中最大使用量为 1.2 mg/kg。

（3）留兰香油

1）基本性状。用水蒸气蒸馏法从留兰香带花序的茎叶中提炼制得。为无色至黄色、黄绿色液体。具有甜清带凉的轻微药草气味，与新鲜的留兰香叶片的香气一样。

2）最大用量。面点制作工艺中最大使用量为 270 mg/kg。

（4）甜橙油

1）基本性状。用冷磨法或冷榨法或水蒸气蒸馏法从甜橙全果中或果皮中提取。为橘黄色至深橘黄色液体。呈青果香、柑香香气，可与无水乙醇混溶。久存易变质。

2）最大用量。面点制作工艺中最大使用量为 430 mg/kg。

3. 食品香精

食品香精是指由芳香物质、溶剂或载体以及某些食品添加剂组成的具有一定香型和浓度的混合体。其中的芳香物质是天然香味物质、天然等同香味物质和人造香味物质。溶剂有食用乙醇、蒸馏水、丙二醇、精制食用油和三乙酸甘油酯等，含量通常占50%以上，作用是使香精成为均一产品并达到规定的浓度。载体有蔗糖、葡萄糖、糊精、食盐和二氧化硅等，主要用于吸附或喷雾干燥的粉末状食品香精。

食品香精在形态上可以是液体或浆体，也可以是粉末，并可以从不同的角度进行不同的分类。

（1）食用香精的分类

1）水溶性香精，通常也称水质香精。在一定的比例下，可在水中完全溶解，溶液透明澄清，香气比较飘逸，适用于以水为介质的食品。

2）耐热性香精，通常也称为油质香精。其特点是香气比较浓郁、沉着和持久，香味浓度较高。相对来说不易挥发，适用于较高温度操作工艺的食品加香，如加工饼干和糕点等。

3）乳化香精。其外观呈乳浊状，加入水溶液中能迅速分散并使之呈混浊状态，适用于需要混浊度的果汁和果味饮料等。

4）微胶囊香精。其特点是对香精中易于氧化、挥发的芳香物质可起到很好的保护作用，从而延长加香产品的保质期，又适用于粉末状食品的加香，如果冻粉等。

（2）使用食品香精的主要作用

1）辅助作用。某些食品，由于香气不足，需要选用与其香气相适应的香精来辅助其香气。

2）稳定作用。天然香料的香气，往往受地理、季节、气候、土壤、栽培、采收和加工等因素的影响而不稳定。而香精的香气基本稳定。加香后，可以对天然香料的香气起到一定的稳定作用。

3）补充作用。某些产品如果酱、果脯在加工过程中会损失其原有的大部分香气，需要选用与其香气特征相对应的香精进行加香，使香气得到补足。

4）赋香作用。某些食品本身没有什么香味，如饼干等，通常选用具有明显香型的香精，使成品具有一定类型的香味和香气。

5）矫味作用。某些食品具有令人难以接受的气味，通过选用合适的香精矫正其气味，使人乐于接受。

6）替代作用。直接用天然香料有困难时（原料供应不足，价格成本过高，或加工工艺困难等），用相应的香精来代替或部分代替。

四、其他添加剂

1. 琼脂

琼脂是以海藻类植物石花菜等为原料，经特殊工艺干燥制成的。由于制法不同，

琼脂有条状、片状、粉状之分。品质优良的琼脂质地柔软、色白、无味，呈半透明状，且纯净、干燥、无杂质。凡灰白色并带有黑点的琼脂，其质量较差。

琼脂加热煮沸时分散为溶液，冷却到 35 ℃左右即可变为凝胶，凝胶易使食品上色。琼脂溶液的凝固温度较高，在夏季室温条件下也可凝固，因而不必特别进行冷冻，使用极为方便。

琼脂的吸水性和持水性高。干燥琼脂在冷水中浸泡时，徐徐吸水膨润软化，可以吸收 20 多倍的水，琼脂凝胶含水量可高达 99%，有较强的持水性。琼脂的耐热性也较强，因此，热加工很方便。中式面点制作工艺中常用其制作水果冻等。

琼脂应在干燥处保存。

2. 硫酸钙

硫酸钙俗名石膏或生石膏，是一种凝固剂。硫酸钙呈白色结晶状，无臭，有涩味。微溶于水，水溶液呈中性。

硫酸钙被广泛作为豆制品的凝固剂使用，其用量要根据气温、浆温、水质及原料的新鲜程度等因素按经验掌握。中式面点制作工艺中常用其制作豆腐脑等。

硫酸钙应密封保存。

第二节 大米和面粉的工艺性能

一、大米

1. 大米的化学成分

（1）蛋白质

大米中的蛋白质主要由不能生成面筋质的麦谷蛋白和谷蛋白组成。因而米粉面坯中没有面筋网形成，没有包裹气体的能力。这是米粉面坯没有弹性、韧性和延伸性的原因。

（2）淀粉

大米中的淀粉主要是不易产生气体的支链淀粉，糊化温度为 74 ℃，比面粉的糊化温度略高。但由于米的品种不同，所含支链淀粉的量也有所差异。籼米中含有 75% 的支链淀粉，粳米中含有 82% 的支链淀粉，糯米中几乎全部是支链淀粉。可见，大米中大多是黏性强的支链淀粉，很难像面粉那样使面坯膨大疏松。

上述两点决定了在面点制作工艺中，米粉面坯一般不作发酵使用。只有籼米粉采用特殊的方法才可发酵。

（3）脂肪

大米中的脂肪主要由亚油酸、亚麻酸和软脂酸等组成。其中还含有微量的植物固醇、花生酸等。糙米中脂肪的平均含量为2.2%，由于脂肪大部分集中于糊粉层，碾得较精的大米，脂肪含量下降，平均只有0.77%。

（4）矿物质

大米中的矿物质成分主要分布于糊粉层，其中钾、镁、磷的含量较多，钙、铁、锌、铜含量较少。糙米碾制成精米，矿物质损失严重。

（5）维生素

糙米中含有较为丰富的维生素B_1、维生素B_2、维生素PP和维生素E，几乎不含维生素A、维生素D和维生素C。碾得越精的米，维生素损失越严重。

2. 大米的品质鉴定

我国餐饮业对大米品质的鉴定，主要采用感官检验。

（1）米的粒形

每一种大米都有其典型的粒形和大小。优良的米，米粒充实饱满，均匀整齐，碎米、糙米和爆腰米的含量少，没有未熟粒、虫蚀粒、病斑粒、霉粒和其他杂质。

碎米——指米粒的体积占整粒米体积三分之二以下的米。造成碎米的主要原因是稻谷的成熟度不足，导致米的硬度低、腹白多。

糙米——指没碾过或碾得不精的稻米。

爆腰米——指米粒上有裂纹的米。造成爆腰米的原因是稻米遭受暴晒、风吹、干燥或高温等。

（2）米的腹白和心白

腹白是指米粒的腹部有白色粉质的部位（乳白色不透明）；心白是指米粒的中心有花状白色粉质的部分。籼米、粳米、糯米都可能出现腹白和心白。腹白和心白大的，其粉质部分多，玻璃质（即透明的，又称角质）部分就少。含腹白和心白多的米，蛋白质含量少，吸水能力降低，出饭率小，食味欠佳，粒质疏松脆弱，易折裂，碎米多，不耐储藏。因此，这种米品质较差。

（3）米的新鲜度

新鲜的米食味好，有光泽，味清香，熟后柔韧有黏性，滋味适口。陈化的大米含水量降低，千粒重减轻，米质硬而脆，色泽暗，无光，柔韧性变弱，黏度降低，吸水

膨胀率增大,出饭率增高,易生杂质,香味和食味变差。稻米的陈化以糯米最快,粳米次之,籼米较慢。为了有效地延缓稻米的陈化,一般应将稻米储存于低温、干燥的条件下。

3. 磨制米粉的方法

在面点工艺中,常常将大米磨成粉制作各种点心,大米磨成粉的方法一般有三种。

（1）水磨

将大米用冷水浸泡透至能用手捻碎,连水带米一起上磨,磨成粉浆,然后装入布袋,将水挤出即成。

水磨粉粉质细腻,制成的食品软糯滑润。因含水分较多,夏季容易变质、结块、酸败,不易保存。

（2）湿磨

将大米用冷水浸泡透至米粒松胖时,捞出晾净水,上磨磨成细粉。

湿磨粉软滑细腻,制成食品的质量较好。因含水量较多,不易保存。

（3）干磨

将各类稻米不经加水,直接上磨磨制成粉。

干磨粉含水量少,不易变质,易于保管。但粉质较粗,成品口感较差。

二、面粉

1. 面粉的化学成分

影响面粉加工工艺性能的化学成分主要是糖类和蛋白质。

（1）糖类

糖类是面粉的主要化学成分,它包括直链淀粉、支链淀粉和可溶性糖。糖类的作用主要有三点。

1）淀粉在一定温度下吸水,显示胶体性质,组成面坯。

2）可溶性糖及淀粉可以为酵母菌的繁殖、发酵提供养分,使成品膨松。

3）糖类成熟和加热后的焦化作用,能使成品表面呈金黄色或棕红色,从而起到着色作用。

（2）蛋白质

面粉中蛋白质的种类较多,但最主要的是形成面筋质的麦胶蛋白和麦谷蛋白（统称面筋蛋白）,它们占面粉蛋白质总量的80%以上。

麦胶蛋白不溶于水,湿的麦胶蛋白黏力强,有良好的延伸性;麦谷蛋白也不溶于水，湿的麦谷蛋白凝力强，无黏力，但具有良好的弹性。

面筋蛋白的作用主要有两点。

1）在冷水面坯中，蛋白质吸水形成面筋，可使面坯质地柔软，具有弹性、韧性和延伸性。

2）在发酵面坯中，蛋白质吸水形成的面筋，可利用其延伸性包住膨胀的二氧化碳气体，使气体不外逸，从而使面坯形成疏松的海绵状结构，并能使成品质地柔软，有一定的弹性和韧性，保证成品切片不碎。

2. 面粉的品质鉴定

面粉的品质主要从色泽、含水量、新鲜度和所含面筋的数量、质量等几个方面进行鉴定。

（1）面粉色泽的鉴定

面粉的颜色与小麦的品种、加工精度、储存时间和储存条件有关。加工精度越高，颜色越白；储存时间过长或储存条件较潮湿，则颜色加深。颜色加深是面粉品质降低的表现。感官鉴定的一般方法是根据标准样品对照，同一等级的面粉，颜色越白，品质越好。

（2）面粉含水量的鉴定

按国家标准规定，小麦粉含水量应小于或等于14%或13.5%。一般常采用感官鉴别法鉴定面粉的含水量。基本方法是：用手握少量面粉，握紧后松手，如面粉立即自然散开，说明含水量基本正常；如面粉呈团、块状，说明含水量超标。

（3）面粉新鲜度的鉴定

一般利用嗅觉和味觉检验面粉的新鲜度。新鲜的面粉嗅之有正常的清香气味，咀嚼时略有甜味；凡是有腐败味、霉味、酸味的都是陈旧的面粉；发霉、结块的是变质的面粉，不能食用。

（4）面筋的品质鉴定

面粉中面筋的含量和质量是影响面制品质量的主要因素。

1）面筋的数量测定。测定面筋含量常用的物理方法是：

①称取 10 g 面粉，放入研钵中，加盐水 5 mL，混合成面团。

②将面团在清水中泡 30 min。

③取出面团，用手在盐水流下的绢筛上揉洗，直至洗液中无淀粉为止（碘试剂测定，水溶液不显蓝色）。

④挤出面筋中的水分，直到面筋球表面略粘手时进行称量，即得湿面筋质量。

⑤将湿面筋放在 100~105 ℃恒温箱中干燥 20 h，使其干燥至恒重，在干燥器中冷

却后称量,即得干面筋质量。

$$干(湿)面筋含量 = \frac{干(湿)面筋质量}{样品质量} \times 100\%$$

另外,在实验室也可采用化学方法测定面筋的含量,其原理是:面粉中的含氮物,一部分是盐水可溶的酰胺类化合物、球蛋白、白蛋白等,另一部分是不溶于水的蛋白质面筋。故测定面粉的总含氮量和盐水可溶物含氮量,二者之差即为面筋的含氮量。此法比上述物理法测定的结果准确度高。

2)面筋的质量测定。主要是对面筋的弹性、延伸性、比延伸性和流变性进行测定。

①面筋的弹性鉴定。将洗好的湿面筋搓成球形,用手指轻轻按压成凹穴状,当手指放开后,能迅速恢复原状者,弹性强;不能恢复原状者,弹性弱。弹性最弱的,将其搓成球形静置一段时间后,会变成扁平状态。一般面筋的弹性分为强、中、弱三等。

②面筋的延伸性鉴定。取湿面筋 4 g,先在 15~20 ℃的清水中静置 15 min,取出后搓成 5 cm 的长条。两手的拇指、食指、中指捏住面筋两端,左手放在米尺的零点,右手沿米尺在 10 s 内均匀地用力拉长面筋,记录面筋被拉断时的长度。一般长度为 15 cm 以上者,为延伸性好;8~15 cm 者为中等;8 cm 以下为差。

③面筋的比延伸性鉴定。取湿面筋 5 g,置于 25~30 ℃水中浸泡 15 min 取出,用手搓成 4~5 cm 的长条。将其一端固定在吊钩架上,另一端挂上一个 6 g 重砝码,然后将吊钩架、砝码及面筋一起置于盛满 30±1 ℃水的 1 L 量筒中(吊钩架固定在量筒口上方)。记下时间 T_1 和面筋的长度 B。等面筋在砝码重力作用下,逐渐被拉长,直至断裂时为止。断裂时面筋的长度为 A,时间为 T_2。

$$面筋的比延伸性(cm/min) = \frac{A-B}{T_2-T_1}$$

注意:测定需在恒温下进行,一般测定一个样品可在 1 h 内完成。但比延伸性特别强的样品,要等数小时面筋才能断裂。为简便起见,可取测定时间界限为 1 h,这样不致影响测定结果的准确性。一般比延伸性为 0.4 cm/min 的为强面筋;0.4~1 cm/min 的为中面筋;1 cm/min 以上的为弱面筋。

④面筋的流变性鉴定。取固定量的湿面筋,揉圆后放在下面贴有坐标纸的玻璃上,然后一起放入下面有 30 ℃水的干燥器中,再将干燥器放在 30 ℃的恒温箱中观察。

每单位时间观察一次,如单位时间内面筋直径变化大,则流变性大,弹性小。有的面筋保持 3 h 以上也不流变,说明其流变性小,而弹性大。

第三节 复合调味品

一、复合调味品的分类

1. 复合调味品的概念
复合调味品是指两种以上单一味调味品经加工而制成的调味品。

2. 复合调味品的种类
复合调味品分为市场上常见的复合调味品和引进的复合调味品两大类。

中式面点制作工艺中使用的市场上常见的复合调味品有甜咸味、鲜咸味、香甜味和香辣味等。

中式面点常用的引进复合调味品有液态、粉状和酱菜状等。

二、市场上常见的复合调味品

1. 甜咸味
甜咸味以甜和咸味为主，尚有鲜香味，食之甜中有咸，咸中有鲜香。中式面点制作工艺中最常用的有甜面酱、面捞芡等。

（1）甜面酱

甜面酱以面粉为主要原料，与食盐经发酵制成，口味醇厚鲜甜。

（2）面捞芡

面捞芡以面粉、猪油、酱油、白糖、盐为原料制成，口味大甜大咸。

2. 鲜咸味
由咸味和鲜味组成，是复合味中最基本的一种。中式面点制作工艺中较常用的品种有五香粉、椒盐、腐乳等。

（1）五香粉

五香粉以八角、小茴香、桂皮、五加皮、丁香、甘草、花椒等多种香料加工混合制成。使用时略加盐，味浓香略咸。

（2）椒盐

椒盐由精盐和花椒粉混合而成，味咸鲜带香。

（3）腐乳

腐乳是用大豆先制成腐乳白坯，再经发酵、腌制，加入汤料，密封制成。具有强烈的鲜味，浓郁的香味及咸味。

3. 香甜味

由香味和甜味组成。中式面点制作工艺中较常用的品种有桂花酱、糖玫瑰等。

（1）桂花酱

桂花酱以糖与桂花腌制而成。味甜清香，有桂花香味。

（2）糖玫瑰

糖玫瑰由玫瑰花糖渍而成。味甜，有浓郁的芳香味。

4. 香辣味

香辣味的类型较多，主要是由咸、香、辣、酸、甜等味调和而成。中式面点制作工艺中较常用的香辣味调味品有鲜辣粉等。

鲜辣粉由白胡椒粉和味精混合而成，具有胡椒的香辣和味精的鲜味。

三、各种引进的复合调味品

中式面点制作工艺中所用的引进的复合调味品有液态调味品，如柠檬汁、草莓汁；粉状调味品，如吉士粉、咖喱粉；酱菜状调味品，如番茄酱、芒果酱、咖喱酱、菠萝酱等。

第十六章

制馅工艺（三）

第一节 馅心概述

一、馅心的概念、种类和作用

1. 馅心的概念

馅心是指将各种制馅原料，经过精细加工处理，调制拌和，包入米面等坯皮内的"心子"。

2. 馅心的种类

馅心的分类方法很多，按口味分，有咸味馅、甜味馅、甜咸馅、咸甜馅等；按原料分，有菜馅、肉馅、菜肉馅、糖馅、果实蜜饯馅等；按制作方法分，有生馅、熟馅等。

包馅面点的口味、形态、特色、花色品种等都与馅心密切相关。馅心体现了包馅面点的口味。包馅面点制品，馅心占较大的比重，一般是皮料占50%，馅心占50%。有的品种如烧卖、锅贴、春卷、水饺等，则馅心多于皮料，包馅多的馅心比重可达60%~80%。因此，馅心的味道对包馅面点的口味起着决定性的作用。

3. 馅心的作用

（1）美化面点的形态

有些面点制品，由于馅心的装饰，可使形态优美。如花色蒸饺，在生坯做成以后，再在空洞内配以红色的火腿末、绿色的油菜末、黑色的冬菇末、黄色的蛋黄末，使饺子形态、色泽更加美观。又如澄面虾仁金鱼饺，在雪白透明的澄面皮内，透着粉红色的虾馅，使金鱼的形态活灵活现，更诱人食欲。

（2）形成面点制品的特色

各种包馅面点的特色虽与所用坯料、成型加工和熟制方法等有关，但所用馅心往往也起决定性作用。如汤包的特色是吃时先吸一口汤；水饺的特色是皮薄，馅足，卤汁多。这些特色的形成，多数取决于馅心。至于各地的特殊风味面点，也多是由于馅心的配料和制法不同而形成的。如肉馅多掺鲜美皮冻，卤多味美，形成了苏式面点的特色；肉馅多用水打馅，非常松嫩，形成了京式面点的独特风味；薄皮，大馅，甜口重，形成了广式月饼的特色。

（3）增加面点花色品种

由于馅心用料广泛，所以制成的馅心多种多样，从而增加了面点的花色品种，如水饺可分为三鲜水饺、素水饺、鱼肉水饺、猪肉水饺等。

二、馅心制作要求

馅心的品种繁多，花色不一，各有不同的制法和特点。虽然馅心千差万别，但是馅心制作要求却大同小异，有许多相同之处，归纳起来，大致有以下几点。

1. 馅心的水分和黏性要合适

制作馅心时，馅的水分和黏性是两大关键。如水分大、黏性差，则影响面点制品品质，也不利于包捏；相反，如水分小、黏性大，虽然利于包捏，但是口感不鲜嫩，也影响制品品质。因此制作馅心时，必须注意馅心的水分和黏性要合适。

咸味馅中的菜馅类，如生菜馅，多选用新鲜蔬菜制作，水分含量是很高的，一般都在90%以上（见表16-1）。

● 表16-1　　　　　　　　　　蔬菜含水量　　　　　　　　　　　　%

名称	大白菜	油菜	菠菜	洋白菜	胡萝卜	黄瓜
水分	94	92	93	93	89	96

生菜馅馅料水分大，黏性差。要想使水分、黏性合适，就必须减少水分，增加黏性，这也是调制生菜馅的两大关键。减少水分，采取的办法是蔬菜切碎后挤水、压水，有的加干料吸水等；增加黏性，则采取添加油脂、酱类或鸡蛋等方法。

熟菜馅馅料多用干制菜，水分少，黏性更差。增加水分及黏性的措施是热水泡制干菜以增加水分，勾芡，使馅心卤汁浓厚有黏性。

生肉馅馅料则与生菜馅馅料情况相反，由于肉类油脂重，水分少，黏性过足，所以制作生肉馅心，需要增加水分，减少黏性。其办法是"打水馅"或"掺冻"，并掺入调味品，使馅心水分、黏性保持适当。包入坯皮后，经熟制达到鲜嫩、汁多、味厚的目的。

熟肉馅一般由于熟制使馅心又湿又散，黏性也差。解决的方法是加入湿淀粉勾芡，吸收溢出的水分，增加馅心的黏性。从而保持馅心的脆嫩、鲜美和入味。

甜味馅一般用坚果类原料和果脯、蜜饯类原料制成。因此，为保持适当水分可采用泡、蒸、煮的方法，还要加入熟油调节馅心干湿度；增加黏性可加入糕粉或油糖。

2. 馅料细碎

馅料细碎是制作馅心的共同要求，就是说馅料宜小不宜大，宜碎不宜整。馅心包入坯皮中，因坯皮是米面皮，性质非常柔软，如果馅料大或整，就难以包捏成型；再就是易产生皮熟馅生的现象。所以要求馅料细碎，加工成小丁、小块、粒、蓉、泥等。具体规格要根据面点馅心的要求来决定。

3. 馅心口味应稍淡一些

馅心口味稍淡，过去一般是专指咸味馅而言，现在甜味馅也在其内。馅心口味应与菜肴一样，咸淡合适。但是，由于面点多是空口食用，再加上经熟制，有些要失掉一些水分，使甜咸味增加，所以馅心调味应比一般菜肴稍淡（水饺、馄饨以及轻馅皮厚的除外）。

4. 根据面点的造型特点制作馅心

面点成型后的形态多种多样，要保持形态使成熟后的面点不走样、不塌陷，就要根据面点成型特点对馅心做不同的处理。如花色品种的馅心，一般应稍干一些，稍硬一些，使其成熟后撑住皮坯保持形态不变；如薯蓉皮的蒸制品，对皮薄的或油酥制品馅心的，一般情况下要用熟馅，以防影响形态。

三、包馅比例与要求

面点工艺中的包馅比例，即皮重与馅重之间的比例关系，也是一个重要的技术问题。

一般来说，包馅量多少与成型技术的高低成正比。如我们通常以皮薄、馅大作为鉴定面点技术的标准之一。但包馅的多少，也与点心的具体品种有着密切的关系。即在各种皮坯与各种馅料之间，由于品种不同，存在着不同的组成规律。合乎组成规律，就能更好地反映出点心特色；相反则不然。一般来说，包馅面点按皮和馅的重量比来

划分,可分为轻馅品种、重馅品种和半皮半馅品种。

1. 轻馅品种

轻馅品种皮坯与馅料的重量比例一般为皮料占 60%~90%,馅料占 10%~40%。它适用于两种面点:一种是其皮料有显著特色,而以馅料辅佐的品种,如开花包、蟹壳黄等;另一种是馅料具有浓郁香甜味,多放不仅破坏口味,而且易使点心穿底的品种,如水晶包、鸽蛋圆子等。

2. 重馅品种

重馅品种皮坯与馅料的重量比例一般为皮料占 20%~40%,馅料占 60%~80%。它也适用于两种点心:一种是馅料具有显著特点的,如广东月饼、春卷等;另一种是皮坯具有较好韧性,适于包制大量馅料的品种,如水饺、蒸饺、烧卖、馅饼等。

3. 半皮半馅品种

半皮半馅品种是以上两种类型以外的包馅面点,其皮料和馅料的比例一般为皮坯占 50%~60%,馅料占 40%~50%。它一般适用于皮坯和馅料各具特色的品种。

第二节　特色馅心制作工艺

一、虾饺馅

1. 原料

大虾肉 800 g,青虾 200 g,猪肥膘肉 200 g,冬笋 100 g,猪油 25 g,味精 6 g,麻油 10 g,胡椒粉 1 g,白糖 5 g,精盐 20 g。

2. 制作方法

(1) 将大虾挑去脊背上的虾线,洗净,用布吸干虾肉水分,用刀背剁烂成泥备用。

(2) 将青虾肉(小虾仁)用沸水焯熟,捞出盛放在盘内,凉后待用。

(3) 猪肥膘肉煮熟捞出,用凉水冲冷,切成稍粗的丝段待用。

(4) 将冬笋切成长约 1 cm 的小丝段。

(5) 将虾泥放进盆内,先加入精盐,用手搅至起胶(有黏性),然后放进笋丝段、熟虾仁、熟肥膘丝段等,搅拌均匀,再加入猪油、味精、麻油、胡椒粉、白糖,再次搅拌均匀,即成虾饺馅。

3. 特点

爽脆味鲜。

4. 拌馅要领

（1）搅虾胶忌用葱、姜、酒、生水等，否则虾胶不爽脆，馅身发绵。

（2）猪肥膘肉煮至刚熟即可，否则出油后馅不脆。

二、百花馅

1. 原料

大虾肉 500 g，猪肥膘肉 100 g，鸡蛋清 10 g，精盐 7 g，味精 3 g，麻油 5 g，白糖 2.5 g，胡椒粉 0.5 g。

2. 制作方法

（1）将大虾挑去脊背上的虾线，洗净，用洁净的布吸干水分，用刀背将虾肉剁烂成泥待用。

（2）猪肥膘肉切成细粒待用。

（3）虾泥放进盆内，先加入精盐搅至起胶（有黏性），然后放入肥肉粒、鸡蛋清、味精、白糖、胡椒粉、麻油拌匀，即成百花馅。

3. 特点

爽脆味鲜。

4. 拌馅要领

（1）必须先将虾肉搅拌成虾胶，然后再与肥肉粒混合，否则虾馅不够爽脆。

（2）忌用酒、姜、葱、酱油。

（3）有些制品可适当加入些笋丝。

三、咖喱馅

1. 原料

牛肉 250 g，洋葱 50 g，咖喱粉 13 g，白糖 6 g，胡椒粉 1 g，味精 2 g，猪油 25 g，料酒 10 g，湿淀粉 12 g，清汤 75 g，精盐适量。

2. 制作方法

（1）将牛肉剔净筋，用刀剁成粗肉末，加入少量湿淀粉浆匀。下油锅滑熟，盛出控干油待用。

（2）洋葱切成小丁。将锅上火烧热，注入猪油，把洋葱放入煸香，加入咖喱粉炒香，加入牛肉末炒匀，下入其他调料。勾入适当湿淀粉炒匀即成。

3. 特点

色黄，有浓郁的香味。

4. 制馅要领

（1）用湿粉浆牛肉时，粉量不宜过多。滑肉的油不宜过热，否则肉易成坨。

（2）炒咖喱油时，油温不能太热，火不宜太大，否则咖喱粉下锅变黑，影响馅的色泽。

四、汤包馅

1. 原料

猪瘦肉1 000 g，猪肥肉500 g，肥母鸡一只（约1 000 g），猪皮500 g，精盐、料酒、胡椒粉、味精、葱、姜、酱油、白糖适量。

2. 制作方法

（1）将猪肉、母鸡、猪皮洗净，焯水，捞出用清水洗净。

（2）锅内加入清水烧开，放入猪肉、鸡、猪皮，加入葱、姜（用刀拍扁），用旺火煮沸，然后用小火煮烂（鸡能去骨，猪肉可用筷子插入）。葱、姜捞出不要，猪肉、猪皮、鸡捞出，鸡去骨。

（3）猪肉、鸡肉分别切成边长为1 cm的小丁，猪皮用绞肉机绞烂或用刀剁成茸，分别盛放待用。

（4）原汤过罗后煮沸，将肉丁、肉皮茸放回原汤内煮沸，加入适量酱油（取色）、料酒、精盐、葱末、姜末、胡椒粉、味精、白糖搅匀，待口味浓醇时，起锅倒入盆内，冷却后放入冰箱，凝结后待用。

（5）用时从冰箱中取出，用尺板稍搅即可使用。

3. 特点

汤浓味鲜。

4. 制馅要领

（1）汤不宜过稀或过浓。过稀不凝结，过浓入口不清淡，馅发硬。以出汤馅约2 500~3 000 g为宜。

（2）鸡肉、猪肉不宜煮得过烂，否则汤不清。

第三节 特色馅心品种

一、冬菜包

1. 原料

面粉 500 g，面肥 50 g，冬菜 150 g，笋 150 g，肥瘦猪肉 100 g，白糖 15 g，榨菜 100 g，猪油 25 g，酱油、精盐、葱、姜适量。

2. 工艺流程

和面→发酵→对碱→揉面→搓条→下剂→制皮→上馅→成型→熟制
制馅 ─────────────────────────────────↑

3. 制作过程

（1）冬菜泡洗净后切碎，笋、榨菜切成小丁，猪肉剁成末。

（2）锅上火烧热放油，下葱、姜炝锅，放入肉末煸炒，加入调料、笋、榨菜、冬菜，勾芡收汤汁，盛出晾凉即可。

（3）面粉加面肥和匀，发酵后对正碱，揉面，搓条，下剂，用手按皮后包上馅心，提褶 18~24 个，生坯呈高桩包状。上屉用旺火蒸 10 min 即可。

4. 风味特点

咸甜口味，略带辣味。

5. 制作要点

（1）旺火急汽蒸制。

（2）碱要对正。

（3）由于馅内冬菜、榨菜均较咸，故不宜多放盐和酱油。

二、灌汤包

1. 原料

面粉 500 g，猪肉 350 g，姜末 15 g，酱油 35 g，精盐 10 g，味精 7 g，鸡汤 250 g，葱花 75 g，麻油 50 g，花椒水少许。

2. 工艺流程

和面→揉面→搓条→下剂→制皮→上馅→成型→熟制

制馅 ⎯⎯⎯⎯⎯⎯⎯⎯⎯⎯⎯↑

3. 制作过程

（1）面粉放在案台上，开成窝形，加入 300 g 清水和成面团，揉匀揉透，醒置片刻。

（2）将猪肉剁碎成肉馅，加入酱油、姜末、花椒水调匀，将鸡汤分数次加入肉馅中，边加边搅，调成黏稠的粥状，放入精盐、味精、葱花，淋上麻油拌匀备用。

（3）将面团搓成直径 2.5 cm 的长条，揪成重约 16 g 的剂子。用面杖擀成中间稍厚、边缘稍薄的圆形皮子，左手托皮，右手拨入 20 g 馅心，用右手食指与拇指提褶，提至中间接合处不用封口，码入屉内，旺火沸水蒸约 10 min 即可。

4. 风味特点

皮薄馅嫩，汁多味美。

5. 制作要点

（1）馅心加入鸡汤时不要一次加太多。

（2）提褶时要细并均匀。

（3）蒸制不宜过火。

三、麻蓉奶汁饺

1. 原料

面粉 200 g，猪油 175 g，植物油 1 000 g，椰蓉 25 g，芝麻 25 g，牛奶 500 g，白糖 225 g，椰浆 225 g，玉米粉 40 g，椰精 0.2 g，香草粉 0.2 g，鱼胶粉 15 g，黄油 25 g。

2. 工艺流程

烫面→搓油→下剂→上馅→成型→熟制

制馅 ⎯⎯⎯⎯⎯⎯⎯⎯↑

3. 制作过程

（1）将 200 g 面粉过罗待用，300 g 清水上火烧开，将过好罗的面粉倒入开水锅内，将锅离火迅速搅拌均匀，成柔软面团。冷却后分次搓入猪油 175 g 及椰蓉、芝麻待用。

（2）将 100 g 牛奶与 40 g 玉米粉调匀。将 15 g 鱼胶粉与 30 g 热水调匀。

（3）将 400 g 牛奶倒入锅内上火烧开，加入白糖、椰浆及调好的玉米粉和鱼胶，滴入椰精、香草粉、黄油，搅匀后倒入洁净的金属盘中，冷却后放入冰箱。

（4）将面团揪成重约18 g的剂子，包入8 g凝结的奶汁馅，呈饺子形。

（5）将1 000 g植物油倒入锅中烧至185~190 ℃，将生坯放入漏勺，下入油锅炸成金黄色并使饺子表面形成均匀的网状即可。

4. 风味特点

松酥香甜，奶味浓郁。

5. 制作要点

（1）面要烫熟烫透。

（2）搓油要分次加入，每次油量不可过多。

（3）炸制时要掌握好油温，油温低易脱丝，油温过高表面不易形成网状。

第十七章

面坯调制工艺（三）

第一节 膨松面坯

一、影响生化膨松面坯质量的因素

1. 面粉的质量与发酵的关系

面粉的质量对发酵面坯的影响表现在两个方面：一个是面粉产生气体的性能，另一个是面粉保持气体的能力。其中产生气体的性能指的是面粉中的淀粉、淀粉酶的含量和活性；保持气体的能力是指面粉中的蛋白质产生面筋的多少和品质的优劣。面筋的数量和质量是决定面坯保持气体能力的重要因素，面筋较多的面坯，具有较强的保持气体的能力，但产生气体的速度却较慢，发酵的时间就延长。

目前供应的面粉，大致分为面筋质较多、筋力较大的硬质粉和面筋质较少、筋力较小的软质粉两种。硬质粉在发酵中可适当提高水温、减低一些筋力，以利气体生成；软质粉在发酵时要降低水温，并加点盐，以增强筋力来提高保持气体的能力。

2. 酵母的用量与发酵的关系

在同一用途的面坯中，酵母（或面肥）的用量多少，对发酵力、发酵时间都有一定的影响。一般来说，酵母用量越多，发酵力越大，发酵时间越短。但超过一定的限度，反而会引起发酵力的减退。根据实验，酵母的用量以2%左右为宜。

3. 发酵温度与发酵的关系

温度是影响面坯发酵的主要因素。这是因为酵母和淀粉酶对温度都特别敏感。实验显示，酵母菌在 30 ℃左右最为活跃，发酵最快，15 ℃以下繁殖缓慢，0 ℃以下失去活动能力，60 ℃以上则会死亡。淀粉酶最活跃的温度是 45 ℃。所以，面团发酵的温度控制在 35 ℃左右较为适宜，温度偏低发酵时间要相应延长，温度过高其作用也相应减退，以至杂菌滋生，使制品酸度增高。控制的办法主要是应用不同的气温和水温。

4. 水量与发酵的关系

酵母发酵时的用水量对发酵有很大影响。水加得多，面坯较软，容易产生二氧化碳气体而膨胀，发酵时间短，但容易使产生的气体散失；水加得少，面坯较硬，既能限制二氧化碳气体的产生，又能限制二氧化碳气体的散失，所需发酵时间长，但却能保持较多的气体。因此，调制发酵面坯，要根据面坯的具体情况，掌握适当的水量，调整好面坯发酵的软硬程度。

5. 时间长短与发酵的关系

酵面的发酵时间，对面点成品质量影响很大。时间过长，发酵过头，面坯的质量差，酸味强烈，熟制后软塌不暄，并带有"老面味"；时间过短，发酵不足，面坯色暗质差，也影响成品的质量。因此，准确掌握发酵时间是十分重要的。一般来说，时间的掌握，要先看面肥的数量和质量，还要参考气温、水温等情况而定。

以上因素，并不是孤立存在的，而是相互影响、相互制约的。

二、影响物理膨松面坯质量的因素

物理膨松面坯主要是指蛋泡面坯。它以鲜鸡蛋液为介质，经搅拌充入气体，然后加入面粉拌制而成。它的特点是松软，起发性大，有蛋香味。影响物理膨松面坯质量的因素主要有以下几点。

1. 温度

温度对蛋白起泡性影响很大。20 ℃以下时，打蛋时间要延长，20 ℃以上时，打蛋速度应加快，时间要缩短。这是因为温度越高，蛋液和糖的乳化程度越大，打蛋速度越快，起泡性越好。常规情况下，打蛋时温度控制在 25~30 ℃之间最有利于蛋白的起泡和泡沫的稳定。

2. 时间

蛋白是黏稠性胶体。搅打过程能使空气均匀地混入蛋液中，蛋液中气泡越多越好。打蛋时间短，蛋液中空气分布不均，泡沫不足。打蛋时间长，又易使蛋白膜破裂，黏稠性降低，胶体性质发生变化，空气逸出。因此，要严格掌握打蛋时间。

3. 油脂

油脂的表面张力大，蛋白膜很薄，当油与蛋白膜接触后，油的表面张力大于蛋白膜本身的抗张力，因此蛋白膜易被拉断，气泡会很快消失。所以，油脂具有消泡作用。

4. pH 值

蛋白质的起泡性与 pH 值有关。酸碱度不适当，将影响蛋白质的起泡性和持泡性。在蛋白质的等电点，其渗透压、黏度都达到最低点，使之不起泡或气泡不稳定。中式面点制作工艺中有时加一点食用酸来调节其 pH 值，破坏等电点，以提高蛋白质的起泡性和持泡性。

5. 蛋的质量

储存时间长的蛋，稀薄蛋白增多，浓厚蛋白减少，蛋白的表面张力降低，黏度下降，因而比鲜蛋的起泡性差，且气泡不稳定。

6. 蛋糕油

蛋糕油是一种优质的膏状乳化剂，它由防腐剂、乳化剂、溶剂等成分组成。在蛋泡面坯工艺中，可使用一次性投料法生产蛋糕。蛋糕油的使用量，一般为蛋液的5%左右。

第二节　层酥面坯（二）

一、层酥面坯性质的形成

1. 干油酥具有松散性

干油酥由面粉与油脂配制而成。因为油脂是一种胶体物质，具有一定的黏着性和表面张力，油脂掺入面粉内，经搓擦扩大了油脂与面粉颗粒的接触面，粉料颗粒被油脂包裹，黏合在一起。注意：这时粉料和油脂并不是融合在一起，而是依靠油脂的黏着性黏合在一起。所以，干油酥具有松散性，它不能单独制作点心。

2. 水油面具有延伸性

水油面是由水、油、面调制而成的。因此，它既具有水调面坯的弹性、韧性和延伸性，又具有干油酥的松散性。它的延伸性使层酥面坯具备了可塑性。

3. 酥层的形成

层酥面坯是由水油面和干油酥两种不同质感的面坯组成的。由于干油酥有极强的起酥性，干油酥被包入水油面内，经过叠、擀、卷等开酥工艺后，可以起到分层、间隔水油面的作用。水油面具有良好的延伸性，经擀、叠等工艺后不至于破裂，可以形成层次。

二、层酥面坯酥层的种类

层酥面坯的酥层一般分为明酥、暗酥、半暗酥三类。

1. 明酥

经过开酥制成的成品，酥层明显呈现在外的称为明酥。明酥按切剂刀法的不同可以分为直酥和圆酥。

（1）直酥

明酥的线条呈直线形的称为直酥（见图17-1）。

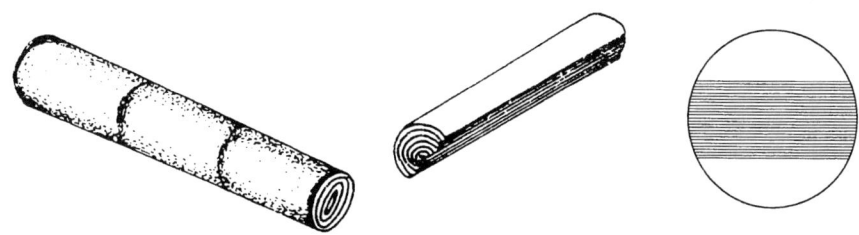

图 17-1　直酥

（2）圆酥

明酥的线条呈螺旋纹形的称为圆酥（见图17-2）。

图 17-2　圆酥

2. 暗酥

经过开酥制成的成品，酥层不呈现在外的称为暗酥。

3. 半暗酥

经开酥后制成的成品，酥层一部分呈现在外、另一部分呈现在内的，称为半暗酥。

三、开酥工艺

1. 水油面叠酥的方法

以适量水油面皮包干油酥,捏严收口,用走槌轻轻擀成长方形薄片。将两端折向中间,叠成三层;再用走槌开成长方形薄片,再叠三层(简称两个三);再将其擀成长方形片,叠四层,擀薄即成(简称三、三、四)。

2. 擘酥皮叠酥的方法

黄油酥与蛋水面皮和好后,将其分别擀成长方形片(厚约 0.7 cm,蛋水面是黄油酥面积的 1/2 大小)放入平盘,盖上半湿的布,冷藏约 2 h。以黄油酥夹蛋水面,用走槌开一个"三、三、四"即成。

四、层酥面坯工艺注意事项

1. 水油面与干油酥的比例要适当,水油面过多,酥层不清,成品不酥;干油酥过多,成型困难,成品易散碎。
2. 水油面与干油酥的软硬要一致,否则易露酥或酥层不均。
3. 开酥时要保证面坯的四周薄厚均匀,开酥不宜太薄。
4. 根据品种的不同要求灵活掌握开酥的方法。
5. 开酥时要尽量少用生粉,卷筒时要卷紧,否则酥层间不易粘连,成品易出现脱壳现象。
6. 切剂时刀刃要锋利,下刀要利落,防止层次粘连。
7. 下剂后,应在剂子上盖上一块干净的湿布,防止风干结皮。

五、特色层酥面坯品种制作实例

1. 樱花酥

(1) 原料

面粉 500 g,猪油 150 g,花生油 750 g,豆沙馅 300 g,红樱桃 4 个。

(2) 工艺流程

和面→开酥→下剂→制皮→上馅→成型→熟制

（3）制作过程

1）面粉 200 g 与猪油 100 g 和成干油酥。300 g 面粉加 50 g 猪油、130 g 水调成水油面。用小包酥方法制成重约 35 g 的剂子，逐个按扁，包上 10 g 豆沙馅，拢起呈五角状，中间捏住，五角捏紧。

2）用剪刀沿每个角横向均匀剪两刀，刀口至中间根部。

3）角的上层与邻角的下层捏住，形成花瓣状，即完成生坯。

4）锅上火，放油烧至 120 ℃，放入生坯，炸熟出锅。

5）樱桃切成颗粒状，码在樱花酥中心做花蕊。

（4）风味特点

形似樱花，酥松甜香。

（5）制作要点

五角花瓣要均匀，炸时注意油温。

2. 岭南酥

（1）原料

面粉 500 g，板油（或黄油）300 g，白糖 225 g，鸡蛋液 250 g，香草粉 1 g。

（2）工艺流程

和面→开酥→下剂→成型→上馅→熟制

制馅 ————————————↑

（3）制作过程

1）面粉 250 g 与板油 300 g（或黄油）混合，搓擦成细滑的油酥面。

2）面粉 250 g 放在案台上，开窝，加入清水 250 g、白糖 25 g、鸡蛋液 50 g 和香草粉 1 g，拨入面粉搓至起筋、润滑，即成蛋水面坯。

3）将蛋水面坯按成中间稍厚、边缘较薄的圆形皮，包入油酥面，用走槌擀成长方形。将两边向中间对折成四层，再擀开对折成四层，即成岭南酥面坯。放入冰箱冷冻，待用。

4）将岭南酥面坯擀成 0.4 cm 厚的薄片，用圆形二号戳子戳成圆皮，捏入二号菊花盏内，排列于烤盘上。

5）鸡蛋液 200 g 用蛋抽子搅匀。将白糖 200 g、清水 350 g 混合上火烧开成糖水，稍冷后冲入蛋液内搅匀，过罗后即成蛋挞馅。

6）将蛋挞馅斟入菊花盏内（八成满），用 180 ℃ 的炉温烤制，呈金黄色，层次鲜明，熟透后出炉，取下盏即成。

（4）风味特点

入口松化，嫩香可口。

（5）制作要点

1）搓擦油酥宜用凝结的黄油或板油，否则包酥时会使油酥软化影响质量。

2）开酥时手用力要均匀，擀皮时四角要匀整，这样成品才会层次分明。酥皮放入盏底时，边缘宜稍高出盏边 0.5 cm，否则入炉后受热收缩，蛋挞水流出盏外，会导致成品不易取出。

3）烤制时要掌握好火候。火大，成品外焦内生；火小，烤制时间过长，蛋挞水泡透底皮流入盏内，会粘住盏壳，不易取出。

3. 萝卜丝饼

（1）原料

嫩酵面 750 g，面粉 250 g，碱 3 g，猪油 225 g，象牙白萝卜 600 g，火腿 25 g，板油 200 g，葱 10 g，芝麻 150 g，鸡蛋 1 个，精盐 10 g，味精 2 g，麻油 10 g。

（2）工艺流程

和面→对碱→揉面→开酥→下剂→制皮→上馅→成型→熟制

制馅 ———————————————↑

（3）制作过程

1）嫩酵面对正碱，揉均匀，加猪油 100 g 搓擦均匀成光滑的面坯。

2）250 g 面粉置于案台上，加猪油 125 g，搓擦成干油酥。

3）象牙白萝卜洗净去皮，擦成细丝，下沸水锅氽一下，出锅后用凉水冲凉，挤干水分。火腿切成末，板油去筋膜切成边长为 0.3 cm 的小丁，葱切成末。将萝卜丝、火腿末、板油丁、葱末一起放入盆内，加味精、精盐、麻油拌匀，即成萝卜丝馅。

4）用嫩酵面大包酥包干油酥，擀开成长方形片，将片卷成筒（直径 3 cm）。下剂子 60 个，将剂子按扁包入萝卜丝馅，收紧接口，擀成椭圆形，排列在案台上。刷上蛋液，再粘上芝麻摆入烤盘，入烤炉用 220 ℃ 炉温烤至金黄色，熟透即成。

（4）风味特点

外酥里嫩，馅香不腻。

（5）制作要点

烤制时，炉温不能太低，否则板油馅会渗出大量油脂，水分容易蒸干使饼不酥且硬。

4. 小鸡酥

（1）原料

面粉 500 g，猪油 150 g，豆沙馅 300 g，鸡蛋 1 个，黑芝麻 1 g。

（2）工艺流程

和面→下剂→开酥→制皮→上馅→成型→熟制

（3）制作过程

1）200 g 面粉与 100 g 猪油和成干油酥。300 g 面粉与 50 g 猪油、130 g 水和成水油面。用小包酥方法制成重约 35 g 的剂子，将剂按扁，包上 10 g 豆沙馅。

2）封口后捏成小鸡状，取两粒黑芝麻蘸蛋清后粘于眼部。在"小鸡"身上刷蛋液，置于烤盘上。

3）烤炉炉温 180~200 ℃，将"小鸡"生坯烤熟即可。

（4）风味特点

形似小鸡，酥松香甜。

（5）制作要点

1）造型准确。

2）开酥层次要均匀。

5. 架樱擘酥饺

（1）原料

黄油 500 g，面粉 500 g，鸡蛋 200 g，架樱馅 500 g。

（2）工艺流程

和面→开酥→下剂→上馅→成型→熟制

（3）制作过程

1）取黄油 500 g，加入 125 g 面粉搓擦至均匀、无油粒，即成黄油酥。375 g 面粉置于案台上，开窝，加入鸡蛋 100 g、清水 150 g 和成面坯，搓至软滑有劲，即成蛋水面坯。

2）将黄油酥拨平成长方形，蛋水面按成 1/2 黄油酥大的长方形，同时放入长方盘内，入冰箱冷冻（用半湿布盖上）约 1 h。

3）将冻过的面坯取出，蛋水面与黄油酥齐一头平放在案台上。将黄油酥折叠（黄油酥上下夹蛋水面），用走槌轻轻捶擀成长方形，将两端折向中间成三层，再擀开，叠一个三，再擀开，叠一个四，即成擘酥皮。放入冰箱待用。

4）从冰箱里取出擘酥皮，置于案台上，用走槌擀开，成 0.4 cm 厚的片，用圆戳子（直径 6 cm）戳成圆形皮。在皮的一面刷一层蛋液，打入一份架樱馅，皮子对折成半圆状，用戳子沿边缘的半圆按一个半月形的印（避免边缘黏合不严而开口），然后在表面再刷一层蛋液。放入烤炉，炉温 200 ℃ 烤至坯呈金黄色成熟即可。

（4）风味特点

酥香多层，入口松化。

（5）制作要点

1）因擘酥皮油性较大，开酥时要迅速。

2）烤制时，要控制好火候，火旺成品色泽易黑；若没烤熟，出炉后成品会出现扁塌现象，层次不清；若火慢，成品泻油变形，层次也不清。

3）蛋液勿刷在生坯的切口处，否则酥层粘连，切口处不起层。

第三节　米　粉　面　坯

米粉面坯根据工艺方法和面坯的性质一般可分为米糕类品种、米粉类品种和发酵米浆类品种。

一、米糕类品种制作工艺

米糕类品种根据工艺又分为松质糕和黏质糕两种。

1. 松质糕调制工艺

松质糕的基本调制工艺程序是先成型后成熟。成品具有多孔、松软，多有甜味的特点。在工艺方法上可分为清水拌和糖浆拌两种。

（1）清水拌

白糕粉坯属于清水拌的工艺方法。白糕粉坯只用冷水与米粉拌和，拌成粉粒状（或糊浆状）后，再根据不同品种的要求，选用目数不同的粉筛，将米粉（或糊浆）筛入（或倒入）各种模具中，蒸制成型。

（2）糖浆拌

糖糕粉坯属于糖浆拌的工艺方法。糖糕粉坯只用糖浆与米粉拌和，粉坯拌匀、拌透后，蒸制成型。糖浆拌可用于制作特色糕点品种。

（3）松质糕工艺注意事项

1）要根据米粉的种类、粉质的粗细及各种米粉的配比，掌握适当的掺水量。

2）为使米粉均匀吸水，要抄拌和掺水同时进行。拌好后要静置醒面。

2. 黏质糕调制工艺

黏质糕的基本调制工艺程序是先成熟后成型。成品具有黏、韧、软、糯，多为甜味或甜馅品种的特点。

黏质糕的拌粉工艺与松质糕基本相同，但糕粉蒸熟后，需放入搅拌机内加冷开水搅打均匀，再取出分块、搓条、下剂、制皮、包馅、成型。

米糕类品种制作时，检验其成熟与否的方法是，用筷子插入蒸过的粉坯中，拉出后观看有无黏糊，没有黏糊的即为成熟。

二、米粉类品种制作工艺

米粉类品种根据工艺分为生粉坯和熟粉坯两种。

1. 生粉坯调制工艺

生粉坯的基本调制工艺程序是：先成型后成熟。其特点是可包多卤的馅心，皮薄，馅多，黏糯，润滑。生粉坯熟处理的方法有泡心法和煮芡法两种。

（1）泡心法

将糯、粳掺和的米粉倒入缸盆内，中间开成窝，冲入适量的沸水，将中间的米粉烫熟，再加适量的冷水将四周的干粉与熟粉一起反复揉和，直至软滑不粘手为止。

泡心法工艺注意事项：

1）沸水冲入在前，冷水掺入在后，不可颠倒。

2）沸水的掺入量要准确，沸水过多，皮坯粘手，难以成型；沸水过少，成品易裂口而影响质量。

3）泡心法适合于干磨粉和湿磨粉。

（2）煮芡法

取 1/3 份的干粉，加冷水拌成粉团，投入到沸水锅中煮熟成芡，将芡捞出后与其余的干粉揉搓至光洁、不粘手为止。

煮芡法工艺注意事项：

1）根据气候、粉质掌握正确的用芡量。天热，粉质湿，用芡量可少；天冷，粉质干，用芡量可多。用芡量少了，成品易裂口；用芡量多了，易粘手，影响工艺操作。

2）煮芡一般应沸水下锅，且需轻轻搅动，使之漂浮于水面 3~5 min，否则易沉底粘锅。

2. 熟粉坯调制工艺

熟粉坯的调制工艺与黏质糕调制工艺基本相同。

三、发酵米浆工艺

发酵米浆是由米粉发酵后制成的。糯米和粳米含支链淀粉多，因而不能发酵，只有籼米粉采用交叉膨松的方法，可使其发酵。

1. 发酵米浆工艺方法

先用 1/10 份的米粉加水煮成熟芡，晾凉后和其余生米粉浆拌和搅匀，再加入糕肥（发酵过的米粉）、水拌和搅匀，置于温暖处发酵。粉坯发酵后，再加入白糖、发酵粉、枧水拌匀即可。

枧水是广式面点工艺中常用的一种碱水，它是从草木柴灰中提取制成的，其化学性质与纯碱相似。

2. 发酵米浆工艺注意事项

粉坯发酵后，要先放糖拌和，使糖溶化被吸收，再放发酵粉、枧水搅拌均匀。

第四节　其他面坯（二）

一、澄粉面坯

1. 澄粉面坯的概念

澄粉面坯是澄粉加沸水调和制成的面坯。面坯色泽洁白，呈半透明状，口感细腻嫩滑，无弹性、韧性、延伸性，有可塑性。澄粉面坯制作的成品，细腻柔软，口感嫩滑，具有蒸制品爽、炸制品脆的特点。

2. 澄粉面坯的制作工艺方法

澄粉面坯的制作工艺过程是按比例将澄粉倒入沸水锅中烫熟，用面杖搅匀，放在抹过油的案台上晾凉，揉至光滑。

各地厨师还常根据点心品种的不同要求，在面坯中加入适量的生粉（澄粉∶生粉=1∶0.3）、猪油（澄粉∶猪油=1∶0.05）、吉士粉，咸点可加盐、味精，甜点加糖等。制作点心时，一般以刀压皮，包馅蒸制；以手捏皮，包馅炸制。

3. 澄粉面坯制作工艺注意事项

（1）调制澄粉面坯要烫熟，否则面坯不爽，难以操作。同时，蒸后成品不爽口，会出现粘牙现象。

（2）澄粉面坯搓揉光滑后，需趁热盖上洁净半潮湿的白布（或在面坯的表面刷上一层油）保持水分，以免风干结皮。

二、鱼茸面坯

1. 鱼茸面坯的概念

鱼茸面坯指以鱼肉为主要原料，适当加入调味料和淀粉类物质制成的面坯。鱼茸面坯既无弹性也无可塑性，调制好的鱼茸面坯有一定的韧性。鱼茸面坯制作的成品，具有爽滑、味鲜的特点。

2. 鱼茸面坯的制作工艺方法

先将鱼肉切碎剁烂成茸，放入盆内加盐，分次逐渐加水用力打透搅拌，直至发黏起胶。再加入其他调味品，如味精、胡椒粉、麻油，最后加入生粉，搅拌成坯。制作点心时，蘸少量淀粉，压薄成皮，包馅熟制即可。

3. 鱼茸面坯制作工艺注意事项

搅拌鱼茸要始终顺一个方向用力，不可倒搅或乱搅。否则鱼胶松散，不能产生黏性，从而影响造型和上馅。

三、虾茸面坯

1. 虾茸面坯的概念

虾茸面坯指以虾肉为主要原料，掺入适当的淀粉类物质制成的面坯。它的性质与鱼茸面坯相似，无弹性，可塑性差，有一定的韧性。虾茸面坯制作的点心，具有味道鲜美、软硬适度、无虾腥味、营养丰富的特点。

2. 虾茸面坯的制作工艺方法

先将虾肉洗净晾干，剁碎压烂成茸，用精盐将虾茸拌打至发黏起胶，再加入生粉拌匀。制作点心时，以生粉做焙粉（干面），将其开薄成皮，直接包入馅心后熟制。

3. 虾茸面坯制作工艺注意事项

（1）搅拌虾茸时要先放盐用力反复摔打至发黏起胶，否则面坯松散无劲。

（2）虾茸面坯调味时，忌用料酒，否则易有土腥味。

（3）要选用新鲜的大虾，虾不新鲜，虾坯发绵不爽。

四、果蔬类面坯

1. 果蔬类面坯的概念

果蔬类面坯指以根茎类的蔬菜和水果为主要原料，掺入适当的淀粉类物质和其他辅料，经特殊加工制成的面坯。主要原料有胡萝卜、豌豆、土豆、山药、芋头、莲子、栗子等。果蔬类面坯制作的点心都具有主要原料本身特有的滋味和天然色泽，一般甜点热食软糯，凉食爽脆；咸点松软、鲜香、味浓。

2. 果蔬类面坯的制作工艺方法

将原料去皮煮熟，压烂成泥，过罗，再加入糯米粉或生粉、澄粉（下料标准视原料、点心品种不同而异）和匀，再加入猪油和其他调料，咸点可加盐、味精、胡椒粉；甜点可加糖、桂花酱、可可粉。将所有原料混合后，有些需要蒸熟，有些需要烫熟，还有些可直接调成面坯。

3. 果蔬类面坯制作工艺注意事项

（1）由于果蔬类原料本身含水量有差异，因而面坯掺粉的比例必须根据果蔬原料的具体情况酌情掌握。

（2）掺粉前，果蔬类原料压烂成泥，且一定要过罗，以保证面坯细腻光滑。

五、糖浆面坯

1. 糖浆面坯的概念

糖浆面坯也称浆皮面坯，由糖浆或饴糖与面粉调制而成。这种面坯既有适度的弹性，又有良好的可塑性。

2. 糖浆面坯的制作工艺方法

将蔗糖先熬成糖浆，再加入油脂和其他配料，将其搅拌成乳白色的乳浊液，再拨入面粉调制成坯。由于糖浆的密度和黏度大，反水化能力增强，使蛋白质适宜吸水而形成部分面筋。面坯组织细腻柔软，可塑性好，不浸油。

3. 糖浆的制法

（1）将蔗糖和水按比例倒入铜锅（或气锅）内，低温加热，同时轻轻地搅拌使其溶解。

（2）完全溶解后，立即升温，使其沸腾。此时，可除去表面渣子、泡沫，但绝不能搅拌。

（3）当温度升至104.8 ℃（沸点）时，加入抗结晶原料（如柠檬酸、饴糖、蜂蜜等）。

（4）降低温度，继续加热至108 ℃左右即成（此时糖液浓度为77.2%）。几种糖浆配方见表17-1。

◆ 表17-1　　　　　　　　　几种糖浆的配方　　　　　　　　　　　%

种类	水	糖	液体葡萄糖
配方一	22.2	55.6	22.2（42波美度）
配方二	28.6	71.4	0

4. 糖浆面坯制作工艺注意事项

（1）糖浆必须提前备好，冷却后再用，以防止面坯黏和上劲（糖浆存放半个月以上较好用）。

（2）糖浆与油脂要充分搅拌，完全乳化，否则面坯的弹性、韧性不均，外观粗糙，结构松散甚至走油、上劲。

（3）面坯的软硬度由糖浆的多少调节，制作过程中不另外加水。

（4）面坯调好后放置时间不宜过长，否则韧性增强，可塑性减弱。

六、制作实例

1. 虾饺

（1）原料

澄粉500 g，精盐17.5 g，猪油25 g，鲜虾肉400 g，熟青虾肉100 g，猪肥膘肉100 g，冬笋25 g，麻油5 g，味精5 g，胡椒粉1 g，白糖3 g。

（2）工艺流程

烫面→搓条→下剂→制皮→上馅→成型→熟制
制馅 —————————————↑

（3）制作过程

1）将鲜虾肉挑去虾线洗净，用布吸干水分，用刀背剁烂成泥。猪肥膘肉煮熟捞出，用冷水冲凉，切成长约 1 cm 的丝。冬笋切成 1 cm 的细丝。将剁好的虾泥放入盆内，加精盐 10 g，用手搅至虾胶上劲后放入笋丝、熟虾、熟肥肉丝搅拌均匀，再加入猪油 10 g、白糖、味精、麻油、胡椒粉调匀备用。

2）将 750 g 清水倒入铜锅上火烧开，将澄粉和 7.5 g 精盐放入铜锅中，迅速用擀面杖搅匀至熟，离火将澄面取出，放在案台上，稍凉后分次加入 15 g 猪油，搓擦均匀，即成澄面坯。

3）将面坯搓成直径约 1.5 cm 的长条，切成重约 7.5 g 的剂子。用小方刀压出一边稍厚，一边略薄的圆形皮子。

4）左手拿皮子，右手抹入约 10 g 左右的馅心，皮子的薄边向外，用左手指推，右手将其捏成外边有均匀长褶的梳背形饺子生坯。

5）将生坯码入刷好油的屉中，沸水旺火蒸约 5 min 即可。

（4）风味特点

外形美观，晶莹透明，馅心爽脆，口味鲜香。

（5）制作要点

1）馅心原料要鲜，虾胶要搅上劲。

2）烫澄面时，水沸后要减低火力，搅拌均匀，不可有生粉粒。

3）包制时褶要匀，封口要严。

4）蒸制时不可过火，否则会出现爆裂、露馅等问题，影响成品质量。

2. 百花凤眼饺

（1）原料

澄面 500 g，猪油 25 g，精盐 15 g，虾肉 500 g，猪肥膘肉 100 g，鸡蛋 2 个，鲜豌豆 50 g，味精 5 g。

（2）工艺流程

```
烫面→搓条→下剂→制皮→上馅→成型→熟制
制馅 ——————————————↑
```

（3）制作过程

1）虾肉去虾线洗净用干净白布揉干水分，同猪肥膘肉一起放在砧板上用刀剁烂，放在盆内，加入精盐 10 g 搅匀，再加入两个蛋清及味精搅匀成胶状，便成百花馅，放入冰箱待用。

2）将澄面过罗在一张纸上。将 750 g 清水放进锅内，加入精盐上火烧开后离火。

将纸上的澄面倒入开水锅内搅拌均匀，放在案台上用手搓匀搓透，再加入猪油搓匀、搓光滑，然后搓成长条，切成重约 15 g 的剂子。

3）用干净刀沾上少许油，把每个澄面剂压成直径 5 cm 的圆薄皮，每个皮上放 20 g 馅，包成凤眼形，再把两粒豌豆分别放在两个小孔中间，放在刷过油的笼屉内，沸水旺火蒸 7 min 即可。

（4）风味特点

外形美观，爽口清淡。

（5）制作要点

1）馅心原料要鲜，虾胶要搅上劲。

2）烫澄面时，水沸后要减低火力，搅拌均匀，不可有生粉粒。

3）包制时褶要匀，封口要严。

4）蒸制时不可过火，否则会出现爆裂、露馅等问题，影响成品质量。

3. 水晶桃花饼

（1）原料

澄面 500 g，猪油 25 g，白糖 50 g，莲蓉馅 500 g，食用红粉、熟花生油适量。

（2）工艺流程

烫面→搓条→下剂→制皮→上馅→成型→熟制

（3）制作过程

1）将 700 g 清水上火烧开，将澄面倒入开水锅内，迅速搅拌均匀，倒在案台上。加入猪油、白糖搓滑，取出三分之一加一些食用红粉，分成 50 份，剩下的三分之二也分成 50 份。

2）白面在下，红面在上，放在一起用手压扁。放上莲蓉馅 10 g，包成圆球，在圆面上用钳子夹成 5 片（要夹两层，好像桃花盛开的样子），放在刷过油的笼屉上，用旺火蒸 4 min，取出刷上一些干净的熟花生油即可。

（4）风味特点

色泽美观，香甜可口。

（5）制作要点

1）烫澄面时，水沸后要减低火力，搅拌均匀，不可有生粉粒。

2）包制时封口要严，钳花时应用力均匀。

3）蒸制时不可过火，否则会出现爆裂、露馅等问题，影响成品质量。

4. 虾茸瓦楞卷

（1）原料

澄面 250 g，生粉 110 g，精盐 5 g，鲜虾肉 500 g，生肥膘 100 g，南荠 75 g，胡萝

卜 50 g，香菜 50 g，蛋清 1 个，胡椒粉、麻油、味精、白糖、葱、姜适量

（2）工艺流程

烫面→搓条→下剂→制皮→上馅→成型→熟制

制馅 ————————————↑

（3）制作过程

1）鲜虾肉去虾线洗净，剁成虾泥，生肥膘也剁成泥，分别放入容器。南荠切小丁，葱切成葱花，姜剁成末待用。

2）将虾泥加入适量的精盐、胡椒粉、麻油、白糖、味精，然后用手将虾泥和适量的调味品混合用力搅成虾胶（要有筋力，黏度大）。随后加蛋清再次搅匀，加 10 g 生粉，摔打至起黏性。最后加入麻油、肥膘泥、葱、姜、南荠搅拌均匀即成虾茸馅。

3）将澄面 250 g 加入 50 g 生粉，混合盛放容器内。将 2.5 g 精盐和 500 g 清水上火烧开，将锅离开火位降低温度，随后将澄面倒入开水锅内，立即用擀面杖搅烫均匀（烫至八成熟），然后出锅放在案台上，将熟澄面揉均匀，剩下的 50 g 生粉，也揉入熟澄面内，揉匀后待用。

4）将揉好的熟澄面揪成重约 12.5 g 一个的剂子，用擀面杖擀成约 2 mm 厚，3.5 cm × 5 cm 的椭圆形皮子，然后用花面棍，一次性擀过，即成瓦楞皮。

5）在反面放入一份虾茸馅，接口处抹点蛋清，卷成圆筒状。

6）将胡萝卜去皮擦成末，香菜洗净揪下小叶。在卷上面略抹一点蛋清，一头放上胡萝卜，另一头放上香菜叶，放入抹油的笼屉内蒸 5 min，出锅后略抹一点油即成。

（4）风味特点

外形美观，口味咸鲜。

（5）制作要点

1）馅心原料要鲜，虾胶要搅上劲。

2）烫澄面时，水沸后要减低火力，搅拌均匀，不可有生粉粒。

3）包制时封口要用蛋清。

4）蒸制时不可过火，否则会出现爆裂、露馅等问题，影响成品质量。

5. 马蹄糕

（1）原料

马蹄粉 5 200 g，鲜荸荠肉 200 g，白糖 1 000 g，牛奶 1 750 g。

（2）工艺流程

调粉浆→冲浆→熟制→冷却→成型

熟糖水 ————↑

（3）制作过程

1）将鲜荸荠肉切成小粒，放入盆内待用。取边长 32 cm、高 5 cm 的方形不锈钢盘，刷一层油后放入笼屉内备用。

2）将马蹄粉放入盆内，取 1 000 g 清水，先用少量清水把马蹄粉浸软拌匀，再加入剩余的清水制成稀粉浆，过罗去渣待用。

3）将牛奶、白糖放入不锈钢锅内，上火烧开后，立即冲入马蹄粉浆内，边冲边搅成半熟的稀浆糊，然后加入切碎的荸荠拌匀，倒入刷好油的方盘内摊平，用中火蒸 25 min 左右。

4）将蒸熟的马蹄糕取出，冷却后切成所需的块形，即可食用。

（4）风味特点

色泽洁白，清香甜润爽口。

（5）制作要点

用沸牛奶冲粉浆时，边冲边搅，七成熟即可，不要过稠或过稀。

6. 栗子糕

（1）原料

栗子 500 g，琼脂 25 g，白糖 250 g。

（2）工艺流程

熟制→搓蓉→熬糖水→冷却→成型

（3）制作过程

1）将栗子壳切成十字口，上火煮熟捞出，剥去外皮、内衣，搓成栗子蓉。

2）琼脂洗净，用冷水泡软。铜锅加入 600 g 清水、白糖、琼脂，上火熬化，加入栗子蓉搅匀，倒入洁净的盘内。晾凉后即可切成所需形状，装盘食用。

（4）风味特点

栗香味浓，甜沙绵软，清凉适口。

（5）制作要点

1）栗子蓉一定要搓细。

2）琼脂要煮化。

3）冷却要凉透。

4）操作符合冷食卫生标准。

不使用琼脂的制法是：栗子煮熟搓成蓉，过罗，掺上白糖搓匀。铺在木框内，用光滑的木板压实、抹光，切块后即可食用。

7. 西瓜汁凉糕

（1）原料

西瓜 7 500 g，白糖 1 000 g，马蹄粉 500 g，花生油 15 g，香草粉 1 g。

（2）工艺流程

$$挤西瓜汁 \to 调制马蹄粉 \to 成型 \to 熟制$$

（3）制作过程

1）选用红瓤西瓜，取出瓜瓤，挑去瓜子，把瓜瓤切成小粒，放入干净的白布内，挤出西瓜汁 3 000 g 待用。

2）将马蹄粉放入盆内，用 1 250 g 西瓜汁搅匀浸透，过罗，放入盆内待用。

3）把 1 750 g 西瓜汁注入干净锅内，加白糖烧开后，立即冲入搅匀的马蹄粉内，边倒边搅匀，再加入花生油、香草粉搅匀。然后倒入刷有油的 35 cm 见方的盘内抹平，上笼用大火蒸 30 min 取出，晾凉后切块即可。

（4）风味特点

颜色鲜红，有西瓜味，软滑香甜，为夏季凉点。

（5）制作要点

1）要选用红瓤西瓜。

2）冲浆时必须烧开，边倒边搅。

8. 珍珠薯蓉蛋

（1）原料

土豆 500 g，澄粉 100 g，猪油 25 g，精盐 7 g，胡椒粉 0.5 g，味精 1 g，白糖 10 g，麻油 10 g，咖喱馅 250 g，鸡蛋 100 g，淀粉 100 g，干馒头细渣 100 g，食用油适量。

（2）工艺流程

和面→揉面→搓条→下剂→制皮→上馅→成型→熟制

制馅 ——————————↑

（3）制作过程

1）制作咖喱馅。

2）土豆洗净蒸烂，趁热去皮，用刀压烂成蓉。

3）澄粉加入 150 g 开水烫熟，取 100 g 与土豆蓉一起搓擦均匀，待用。

4）薯蓉中加入猪油、白糖、精盐、胡椒粉、味精、麻油等，搓匀即成面坯。

5）面坯下剂，用手按皮，包入 10 g 咖喱馅，封口成椭圆状，沾淀粉，蘸蛋液，再粘满干馒头细渣，制成生坯。

6）油锅上火，烧至 180 ℃，下入生坯，炸至外表呈黄色，熟透即成。

（4）风味特点

外焦里嫩，口感松软，有浓郁的咖喱香味。

（5）制作要点

掌握好油温。

9. 清汤鱼面

（1）原料

新鲜草鱼肉 200 g，面粉 200 g，淀粉 100 g，豆苗 100 g，火腿 50 g，清汤 1 250 g，鸡蛋 1 个，葱、姜、精盐、胡椒粉、味精、料酒适量。

（2）工艺流程

加工鱼肉→调制鱼茸面团→成型→熟制

（3）制作过程

1）鱼肉挑去筋，用刀背砸成泥，再用刀剁一遍。豆苗洗净。火腿切成细丝。葱、姜拍破，用 100 g 凉清汤泡上，制成葱姜水。

2）面粉、淀粉（擀细过罗）掺在一起，加鱼泥、鸡蛋、葱姜水（根据面粉的需水量而定）和成面团，反复揉搓，用布盖上醒一会儿，擀成韭菜叶宽的面条。

3）烧开清汤，下入精盐、料酒、胡椒粉、味精调好味。同时烧开水下入面条煮熟，投入豆苗，随即挑入 10 个碗内，灌上清汤，撒上火腿丝即可。

（4）风味特点

鲜、嫩、软、滑，营养丰富。

（5）制作要点

擀面时要用淀粉作扑面，否则不滑。

第十八章

成型工艺（三）

第一节　抻、削、拨

一、抻

1. 概念

抻又叫"抻拉法"，是我国面点制作工艺中一种独有的成型技巧手法。它是将调好的面坯，经双手不断地上下顺势抖动，反复扣合、抻拉，把大块的主坯拉成粗细均匀、富有韧性的条、丝状的独特工艺方法。

2. 方法

抻的方法主要分溜面和出条两个步骤。

（1）溜面

取醒透的面坯一块，置于案台上，用双手根反复推揉至上劲有韧性，然后搓成66 cm左右长的粗条。双手分别握住条的两端，向两端、上下连抻带抖，再搭扣并条，使面卷成麻花状。如此反复，直至面坯溜匀、溜出韧性。

（2）出条

将溜好的面放在铺好面干儿（干面或干淀粉等）的案台上，双手按住两端对搓，上劲后，双手拿住两端用力一抻、一抖，将面的两端合向一边。左手的食指、中指、无名指夹住条的两个头，右手的拇指、中指抓住条的中间成为一头，右手向外一翻、一抻、一抖，将面抻长。将右手的面放到左手上，此时条在案台上成为三角形，右手从面条下伸进，抓住条的中间，再一次向两端一抻、一抖，如此反复。

3. 要求

（1）溜面的要求

双臂用力要均匀、协调，搭扣时要左右扣相间，并环环紧扣，有条有理，溜面时的动作要熟练、美观。

（2）出条的要求

双手抻抖时用力要一致、均匀，出条速度要根据面坯的具体情况而定，否则条的粗细不均匀；右手从面条下抓面时，一定要抓住中间，否则条的粗细也不均匀。凡是出现条不均匀，都会造成断条。案台上的面干儿应充裕且过罗，面干儿太少，易并条；面干儿不过罗，有面疙瘩，易使龙须面断条。

抻的成型方法还有很多种，需要在实践中不断地总结、摸索，这里不一一举例。

二、削

1. 概念

削俗称削面，就是将面坯用特殊刀具制成面条或面片的工艺方法。

2. 方法

将水烧开，一手将面坯托起，另一手握V形槽刀具，沿面坯表面削去一层层成条状的面皮，使面条直接进入开水锅。

3. 要求

面坯一般较硬且滋润光滑；削面时动作要连贯，下刀要均匀；成品的厚薄、宽窄、长短要基本一致。

三、拨

1. 概念

拨是将调和成糊状的主坯，用筷子顺盆沿"切割"，流出条状的面浆，形成似小银鱼般的面条。

2. 方法

将水烧开，一手托面盆并将面盆倾斜于合适的角度，另一手握筷子顺盆沿将流出的面糊拨入水锅中。

3. 要求

双手密切配合,动作连贯;面糊软硬适当;拨出的面条、面片大小基本一致;不粘碗、筷。

第二节 钳花、挤注

一、钳花

1. 概念

钳花是运用小型工具整塑半成品的一种工艺方法。它是依靠钳花工具形状的变化,使面坯形成多种形态。这种成型手法常与擀、包等手法配合使用。制品如钳花包(见图18-1)。

2. 方法

一手托面坯,另一手拿钳花工具,在面坯适当的部位,根据需要钳出造型。

图18-1 钳花包

3. 要求

用力均匀,深浅适当,钳花整齐、美观、一致。熟练掌握各种钳花工具的使用手法和技巧。

二、挤注

1. 概念

挤注就是通过手指挤压盛有面坯的布袋(称闭袋),使坯料均匀地从袋嘴流到烤盘或其他容器内,从而形成各种不同形态半成品或成品的一种面点造型方法。

挤注讲究手法技巧,要求双手灵活、默契配合。

2. 方法

将面糊、糖膏、油糕等稀浆状的原料灌进挤注布袋。一手托住布袋,另一手的拇指和食指握紧袋口,利用手掌和其余3指的力量挤压布袋,通过挤、拉、带、收等手法使原料从袋嘴中流出，挤注于烤盘或其他容器上。

3. 要求

要根据品种的不同要求，更换袋嘴上的花嘴；双手悬肘挤注，动作灵敏，用力适当，挤、拉、带、收的动作熟练；出料均匀，规格一致，排列整齐，符合成品的形态要求。

第十九章 熟制工艺（三）

第一节 炸

一、炸的概述

1. 概念

将成型的生坯，放于一定温度的油锅内，用油脂作为热传递介质，利用油脂的热对流使生坯成熟的工艺方法。

2. 方法

（1）温油炸

此法适用于口感酥脆或带馅的品种。以油酥制品为例，在炸制时，要将油烧至五成热左右，将制品下锅，在生坯将要成型时加大火力，提高油温，使生坯迅速定型。操作时一般不能用力搅动，可用筷子轻轻拨动或采用轻轻晃动油锅的方法，使生坯均匀受热，特别是对于花色制品，动作一定要轻，不要破坏造型。

（2）热油炸

此法适用于能够迅速膨胀或需要保持水分的品种，如油条、油饼、排叉、炸三角、春卷等。油温一般要烧至七成热以上，将生坯下锅，迅速用工具翻动，使其受热均匀，待生坯膨胀成熟后迅速捞起。操作时要注意制品色泽的变化，避免出现焦煳现象。

3. 炸制工艺适宜的品种

根据油的特点，油温一般可达到200 ℃以上，所以炸的应用范围较广，可用于油酥面坯、膨松面坯、米粉面坯及其他面坯制品，如酥盒、油条、麻花、排叉、麻团、炸糕等。

4. 炸制品的特点

根据炸制油温的不同，炸制品一般具有外酥里嫩、松发、膨胀、香脆的特点。

二、炸制工艺注意事项

1. 炸制时油量要充足，要使制品有充分的活动余地。用油量一般是生坯的十几倍或几十倍。

2. 要注意保持油质的清洁。油质太脏，既影响成品的色泽，也危害人体健康。

3. 要根据成品的特点控制油温和炸制时间。如油温过高，成品易上色，所以炸制时间应较短，成品质感才可形成外酥里嫩；如油温过低，炸制时间应稍长，成品质感才会松脆、酥香。

三、炸制品种制作实例

1. 炸酥盒

（1）原料

面粉 500 g，猪油 175 g，豆沙馅 150 g，色拉油 750 g。

（2）工艺流程

和面→开酥→卷筒→下剂→制皮→上馅→成型→熟制

（3）制作过程

1）取 200 g 面粉，加入猪油 100 g，搓匀擦透成干油酥。将剩余 300 g 面粉加入猪油 75 g、清水 120 g 拌匀，搓擦、摔打至面坯滋润光滑，稍醒，即成水油面。

2）将豆沙馅分成 30 份，搓成小圆球。

3）将水油面按成中间稍厚、周边略薄的圆形皮子，包入干油酥，用手按扁，擀成厚约 0.6 cm 的长方形片，折成三层，再擀成厚约 0.4 cm 的长方形薄片，卷成直径约 3 cm 的圆柱形长条，横切成 60 个剂子。

4）剂子酥层断面朝上，用手按扁，擀成直径约 4 cm 的圆形皮子，放入豆沙馅，再将另一剂子制成同样的圆形皮子，盖在豆沙馅上，将边捏严，用右手拇指和食指在边上捏一周绞绳形花边，即成酥盒生坯。

5）油锅上火，烧至 100 ℃ 左右时，将生坯下入油锅，用小火炸至酥盒浮起、酥层分明时，略提高油温，炸至表面呈浅金黄色即可捞出。

（4）风味特点

色泽淡黄，外形美观，层次清晰，酥松香甜。

（5）制作要点

1）开酥要均匀，卷酥时要尽量卷紧，成型时边要捏严。

2）炸制时要控制好油温与火候，出锅前略提高油温，以免成品窝油。

2. 眉毛酥

（1）原料

面粉 500 g，猪油 175 g，枣泥馅 160 g，色拉油 750 g。

（2）工艺流程

和面→开酥→卷筒→下剂→制皮→上馅→成型→熟制

（3）制作过程

1）取 200 g 面粉，放入猪油 100 g，搓匀擦透成干油酥。将剩余的 300 g 面粉加入猪油 75 g、清水 120 g 拌匀、揉匀、搓透、摔打至面坯滋润光滑，稍醒，即成水油面。

2）将枣泥馅分成 40 份，揉成小圆球。

3）将水油面按成中间稍厚、边略薄的圆形皮子，包入干油酥，用手按扁，按成厚约 0.6 cm 的长方形片，折成三层，再擀成厚约 0.4 cm 的长方形薄片，卷起成直径约 3 cm 的圆柱形长条，横切成 40 个剂子。

4）剂子酥层断面朝上，用手按扁，擀成圆形皮子，放入枣泥馅，把皮子对折成半圆，将一角向内塞进一小段，再将边对齐捏严，用右手拇指和食指在半圆边上捏成绞绳形花边，即成眉毛酥生坯。

5）油锅上火，烧至 100 ℃左右时，将生坯下入油锅。用小火炸至眉毛酥浮起、酥层分明时，略提高油温，制品表面呈浅金黄色即可捞出。

（4）风味特点

外形美观，色泽浅黄，层次清晰，酥松香甜。

（5）制作要点

1）开酥要均匀，卷酥时要尽量卷紧，成型时要捏严。

2）炸制时要控制好油温与火候，出锅前略提高油温，以免成品窝油。

3. 玉兰酥

（1）原料

面粉 500 g，猪油 150 g，豆沙馅 300 g，绿色素 0.01 g。

（2）工艺流程

和面→开酥→下剂→制皮→上馅→成型→熟制

（3）制作过程

1）200 g 面粉与 100 g 猪油和成干油酥。300 g 面粉与 50 g 猪油、130 g 水和成水油面。

2）取 20 g 水油面加上绿色素制成绿色面坯，擀开做成绿叶备用。

3）用 5∶5 大包酥方法包酥，再卷制下剂，每剂重约 35 g。将剂按扁，包上 10 g 豆沙馅，封口，搓成上圆下细的花蕾状。在下边细的部位蘸上水，把绿叶粘上，上面圆形部位切十字刀，深至花蕾的 1/2 处。

4）放进 100 ℃热的油锅炸制花开即熟。

（4）风味特点

形似兰花，甜香酥松。

（5）制作要点

1）开酥要均匀。

2）要掌握好油温。

4. 荷花酥

（1）原料

面粉 500 g，猪油 150 g，花生油 750 g，枣泥馅 300 g，白糖 50 g，红食用色素 0.01 g。

（2）工艺流程

和面→下剂→开酥→制皮→上馅→成型→熟制

（3）制作过程

1）面粉 200 g 加入猪油 100 g 和成干油酥。300 g 面粉加水 130 g、猪油 50 g 和成水油面。用小包酥方法制成重约 35 g 的剂子，按扁，包上 10 g 枣泥馅，封口，呈圆球状。放入冰箱稍冻。

2）将稍冻的生坯用锋利的刀片在表面划 5 刀（从顶部圆心划至圆坯的 2/3 处），刀口不能太深，不能划到馅心。平锅上火，用 100 ℃油炸至花瓣张开。出锅后放在吸油纸上吸油。

3）白糖加红食用色素制成浅粉色，放在张开的花瓣中当花蕊。

（4）风味特点

形似荷花，色白。层次分明，香酥。

（5）制作要点

1）开酥要均匀。

2）要掌握好油温。

第二节 煎

一、煎的概述

1. 概念

煎是在平底锅内加入少量油,依靠锅体和油脂的热传递使生坯成熟的方法。

2. 分类

煎有油煎和水油煎两种。

（1）油煎

油煎是利用油脂作为传热的辅助介质进行熟制的方法。操作时,将少量油脂加入平底锅,与锅体表面的热结合,形成较薄的油脂层,使生坯在受热锅体与油脂温度的双重作用下成熟。

（2）水油煎

水油煎是利用油和水两种传热辅助介质使生坯成熟的特殊熟制方法。操作时,先将少量油脂加入锅内,然后放入生坯,先煎底色,再放入水（或稀粉糊）,盖上锅盖,使生坯成熟。

3. 煎制工艺方法

（1）油煎法

平锅上火,将锅烧热,加入油脂并使其均匀分布于锅底,再将生坯码放于平锅内,先加热熟制一面,再翻身熟制另一面,直至两面呈金黄色,内外熟透为止。在煎制过程中,不盖锅盖,这种煎法既受锅底传热,又受油温传热,所以掌握火候十分重要,一般六成热油温较为适宜。

（2）水油煎法

平底锅上火,将锅烧热后,先刷一层油,再将生坯码放在平锅内,用中火（六成热）稍稍加热,再洒上少量清水,盖上盖子焖制,使水变成蒸汽传热焖熟。水油煎制品,受油温、锅底和蒸汽三种传热,成熟后成品底部焦黄香脆,上部柔软色白,油光鲜明。

二、煎制工艺注意事项

煎制工艺应注意以下几点。

1. 掌握火候与油温

煎是用少油量熟制的方法,油温升高较快,所以煎制时一般以中火为宜,油温一般应保持在 160~180 ℃为宜。温度过高,易使成品焦煳;温度过低,煎制时间长,而且不易成熟。

2. 码放生坯要先码四周后码中间

炉灶的火候一般是中间火力大,所以煎制多量生坯时,应先从四周码放,使制品受热均匀,防止焦嫩不匀的现象。

3. 随时转动锅体

为防止炉灶火力四周不均匀,煎制时应经常不时地转动平锅,或移动面坯位置,使火力均匀。

三、煎制品种制作实例

水煎包

(1) 原料

面粉 500 g,面肥 125 g,食用碱适量,青菜 350 g,酱油 40 g,猪肉 350 g,姜末 10 g,葱花 50 g,植物油 50 g,麻油 25 g,味精 5 g,精盐、花椒水适量。

(2) 工艺流程

和面→揉面→搓条→下剂→制皮→上馅→成型→熟制
制馅 ————————————————↑

(3) 制作过程

1) 将面粉放在案台上,开成窝形,加入面肥、250 g 温水和成面坯,待其膨胀起发。

2) 将猪肉剁成馅,加入酱油、姜末、精盐、味精、花椒水拌匀。再加入 150 g 清水,顺着一个方向搅拌,至肉馅发黏即可。将青菜洗净切碎,用布挤干水分,放入调好的肉馅内,再放入葱花、植物油、麻油拌匀待用。

3) 将发好的面坯加入碱水揉匀,除去酸味,搓成长条,揪成重约 35 g 的剂子,擀成圆形皮子。左手托皮,右手用馅尺抹入 30 g 馅心,收拢剂口,成圆形包子。

4) 平锅上火烧热,擦一层油,码入包子。倒入用清水与少量面粉搅匀的水浆(水

浆的高度是水煎包的三分之一），盖上盖子。待包子底煎成金黄色时往平锅中淋少许油，用平铲取出包子，底朝上码入盘内，即可食用。

（4）风味特点

底部色泽金黄，酥脆，皮面松软，馅心鲜香。

（5）制作要点

1）馅心油润鲜嫩，包制时要皮匀馅正，上火煎制时火候要适当。

2）制馅加水时，要边加边搅，水不要一次都加完。

第三节　复合熟制法

一、复合熟制法的概述

1. 基本概念

中式面点制作工艺中，将蒸、炸、煎、煮、烤、烙这6种熟制方法称为单一熟制法。将两种或两种以上的单一熟制法配合使用，使生坯成熟的方法称为复合加热法或复合熟制法。

2. 特点

复合熟制法与单一熟制法的不同点在于：熟制工艺中往往需要多种熟制方法配合使用，才能达到成品的质量要求。复合熟制法归纳起来，大致可分为两类。

（1）将生坯蒸或煮成半成品后，再经煎、炸、烤制成成品。

（2）将生坯蒸、煮或烙成半成品后，再加调味配料经炒或烩等方法制成成品。

二、复合熟制法面点品种制作实例

1. 凤尾酥

（1）原料

面粉500 g，猪油300 g，莲蓉200 g，色拉油2 500 g。

（2）工艺流程

和面→揉面→切条→煮条→揉搓→擦油→搓条→下剂→拍皮→包馅→成型→熟制

（3）制作过程

1）将 500 g 面粉过罗，放在案台上开成窝形，放入 225 g 清水和成面坯，揉匀揉透，用面杖擀成厚约 0.2 cm 的面片，用力切成边长约 5 cm 的宽面条。

2）煮锅上火，加水烧开后，放入切好的宽面条煮熟（断生即可）。

3）将煮熟的面条捞出。趁热用洁净的布擦干水，用力搓擦均匀，成熟面坯，再将 300 g 猪油分数次搓入面坯。

4）将擦好油的面坯挂成条，揪成重约 25 g 的剂子，用手拍成圆形皮子，包入约 10 g 莲蓉馅。包好的生坯收口向上捏成高约 7 cm 的扁圆柱体，根实、腰细、尾薄而宽，如凤尾的生坯。放入定位炸网内。

5）油锅上火，将油烧至 205~215 ℃时将生坯放入锅内，热油炸至出网状丝条，即可轻轻提起取出。

（4）风味特点

外形美观，色泽金黄，外酥内软，滋润甘甜（此品种可用多种不同馅心制作）。

（5）制作要点

1）面片要煮熟，但不要过火。煮好的面条一定要擦净水分。

2）面坯揉匀揉透后再逐次擦入猪油，油不要一次加得过多。

3）成型时根底平实，防止炸制成熟时歪倒而影响外形。

4）生坯炸时要缓缓下入油锅，全顶部没入油中，防止脱丝影响外形。出锅时要轻拿轻放，以免断丝。

2. 伊府面

（1）原料

面粉 1 000 g，鸡蛋 500 g，鸡脯肉 100 g，猪油 1 500 g（约耗 150 g），虾仁或大海米 25 g，玉兰片 25 g，淀粉 5 g，油菜 10 g，葱丝 10 g，姜丝 5 g，精盐 15 g，麻油 15 g，料酒、鸡汤或骨头汤适量。

（2）工艺流程

和面→揉面→出条→煮面→炸面→焖面→炒面→装盘

（3）制作过程

1）将鸡蛋打在盆内并搅匀，再将面粉倒在盆里，揉擦成光滑的面坯，用湿布盖上醒片刻。用干淀粉作面干儿，擀成大张薄片，前后折叠起来，用刀切成 0.7 cm 宽的面条。

2）水烧开，把面条散撒在锅内，煮至七成熟，捞出控去水。勺内加猪油烧热，把煮好的面条分成 100 g 一份，分别下油锅炸成金黄色捞出，控净油，用热水稍烫一下，装在盘内。

3）锅内放入鸡汤或骨头汤，再将做好的面条放入焖软，盛在盘内，备用。

4)油锅上火,加猪油,用葱、姜丝炝锅,随即放入虾仁或大海米、玉兰片、鸡肉片、油菜片煸炒一下,加料酒、鸡汤、精盐,用淀粉勾芡,加麻油,盛出浇在面条上即成。

(3)风味特点

鲜香味美,筋滑爽口。

(4)制作要点

面条要粗细一致。

3. 什锦猫耳朵

(1)原料

水发海参、香菇、鲜蘑、水发鱿鱼、水发蹄筋、冬笋、熟鸡肉、黄瓜各20 g,煮熟猫耳朵500 g,猪油100 g,酱油、葱、姜、蒜、精盐、味精、料酒各少许。

(2)制作过程

1)将海参、香菇、鲜蘑、鱿鱼、蹄筋、熟鸡肉、冬笋、黄瓜等什锦料均切菱形小片,葱切马蹄段,姜切末,蒜切片。

2)锅中放油,待油热后投入葱、姜、蒜,然后放入什锦片煸炒,加入酱油、精盐、味精、料酒翻炒片刻,即可倒入煮熟的猫耳朵翻炒,待入味后盛入碗内即可。

(3)风味特点

色鲜味美,脆而筋滑。

 小提示

猫耳朵制法

1)面粉400 g,清水180 g,调制成团,要反复揉搓,揉匀揉透,盖上湿布,醒10 min。

2)将醒好的面切成细条,揪成黄豆粒大小的剂子,用右手拇指在案上捻成两头卷起的小片,入沸水中煮熟捞出待用。

(4)制作要点

制作猫耳朵要大小一致、均匀,搓捻的外形也要一致。

4. 三鲜炒面

(1)原料

水发海参20 g,笋尖20 g,香菇20 g,瘦猪肉50 g,熟切面150 g,食用油40 g,

葱、姜、酱油各 20 g，油菜 50 g，精盐、味精、花椒各少许，高汤适量。

（2）制作过程

1）将海参、香菇抹刀切成薄片，笋尖切成薄片，猪肉切丝，葱切马蹄段，姜切末，油菜氽熟切成段。

2）锅中放油，烧热，放入花椒，炸出香味后捞出。先投入猪肉丝煸炒，待煸炒透肉色发白时加入葱、姜、海参片、笋片、香菇片、油菜段略微煸炒，加入酱油、精盐和味精及少许高汤烧片刻，倒入煮熟的切面，不断翻炒，待炒热后，盛入盘内即成。

（3）风味特点

色泽鲜艳，鲜香味美，筋滑爽口。

小提示

面条可买细条切面，也可自己和面、擀片、切条，煮熟即可，也可在面中加入一个鸡蛋。

（4）制作要点

面条开锅即捞，不要煮得过火。

5. 什锦炒疙瘩

（1）原料

面粉 500 g，通脊肉 100 g，油菜或其他新鲜蔬菜 100 g，胡萝卜 50 g，柿子椒 50 g，酱油 50 g，醋 5 g，精盐 3 g，麻油 50 g。

（2）制作过程

1）面粉加清水 150 g 和匀，揉成面团（面团要较硬）。上轧面机压匀压透，切成比黄豆粒稍大的圆疙瘩。

2）锅内放清水烧开，倒入疙瘩，用铁铲贴着锅底顺着一个方向搅，以免沉底糊锅。开锅后再煮 5~6 min，当疙瘩全部浮到水面上，随即捞入凉水盆里"过"一下，使其炒时清爽利落。

3）将通脊肉切成末，油菜胡萝卜、柿子椒洗净切好。

4）炒匀倒入麻油，烧至六成热，下入肉，炒至变色后加入酱油、醋、精盐再炒一会儿，随即放入煮熟的疙瘩翻炒，约 30 s 后加入鲜菜再炒 1 min，等到酱油、水分全浸到疙瘩里，盛入盘中即可。

（3）风味特点

色泽微红鲜艳，口感既绵软又有劲，滋味醇香。

（4）制作要点

1）面团要和得稍硬。

2）疙瘩要切匀，大小一致。

3）时令鲜菜炒得不要过火。

6. 葱香饼

（1）原料

面粉 500 g，葱油 25 g，白糖 100 g，泡打粉 10 g，酵母 10 g，葱末、精盐、芝麻、食用油适量。

（2）制作过程

1）提前炸好葱油晾凉待用。

2）面粉加泡打粉拌匀过罗开窝，中间放酵母、白糖、葱油、清水调制成团后盖上洁净湿布醒 10 min。

3）每 500 g 面揪四个剂子，将剂子擀开，表面刷葱油，撒葱末、精盐。从右上角斜着卷成筒，从两头盘成圆饼，表面抹水粘芝麻，然后充分醒透（约 30 min），上锅蒸熟（15 min）。

4）趁热入高温（220 ℃）油中炸至金黄色，切成 6~8 块，码盘上桌即可。

（3）风味特点

暄软、酥香，有浓郁的葱香味。

（4）制作要点

1）葱油必须提前炸好，晾凉。

2）成型以后要充分醒透。

第四节　热能运用的一般原则

中式面点种类繁多，除使用原料、配方和制作方法不同外，不同的熟制方法和热能运用，也是其形成特点、特色的一个重要原因。

一、加热温度的运用

所谓加热温度，是指加热时产生热能的强度。面坯的熟制是通过加热来实现的，因此热能是针对加热而言的。研究熟制时热能的运用，主要是研究加热时火力的大小、热传导的强弱、对流速度的快慢、辐射温度的高低以及加热时间的长短对面坯成熟所产生的影响。

热能的传递主要有传导、对流、辐射三种方式，有效地、能动性地控制好加热过程中的温度，是保证熟制质量的关键。

1. 决定熟制温度的因素

熟制温度由三个因素决定：

（1）火力的大小

火力包括燃烧火与电热能两种，它是产生热能、形成温度的主要因素。

（2）加热的方法

由于加热方法不同，生坯接触热的方式也不同，这是制品成熟需要的有效因素。

（3）人为控制因素

热能的运用，必须根据各种复杂的可变因素加以人为的调节。

2. 掌握加热温度必须具备的条件

要使自己真正运用好加热温度，必须具备如下条件。

（1）熟悉和了解加工制品的风味要求及熟制方法。

（2）熟悉和了解不同品种制作中存在的各种可变因素。

（3）通过大量实践，使自己具有丰富的实际操作经验。

二、熟制时间的控制

控制加热时间是控制热传递程度的有效措施。生坯成熟时间的长短与温度的控制是紧密相关的，要根据多种可变因素来及时调整。

由于成熟时间与成熟温度之间的协调运用在实践中非常灵活，目前还无法规定出确切的定量数据。作为参考，表19-1列出了火候控制的一般原则。

● 表19-1　　　　　　　　火候控制的一般原则

各种可变因素		加热温度	相对熟制时间
生坯大小	大	中	长
	小	中	短
生坯厚薄	厚	中	长
	薄	中	短

续表

各种可变因素		加热温度	相对熟制时间
馅心生熟	生	中	长
	熟	中	短
原料性状	易熟	中	短
	不易熟	中	长
成品特色	酥脆	低、高	长、短
	松软	中	中
成熟方法	炸	高	短
	蒸	中	中
	烤	高	短
	烙	高	短

三、熟制工艺与成型工艺的配合

在面点工艺中，绝大多数品种其成型与熟制工艺是紧密相关、相辅相成的。但工艺顺序必须根据成品的需要而定。从熟制的对象来看，主要是半成品的熟制和坯料的熟制。半成品的熟制一般是先成型后熟制，如各种饺子、包子、酥点等。坯料的熟制一般是先熟制后成型，如糯米凉卷、艾窝窝、双酿团、蛋糕卷等。另外，还有一些坯料加热成熟后即成成品，如烤红薯、各式粥等。

面点制作工艺用料面广，品种多，工艺变化复杂。归纳起来，整个工艺过程有以下几种情况

1. 先成型后熟制

成型→熟制→成品

2. 先熟制后成型

熟制→成型→成品

3. 成型前重复熟制

熟制→熟制→成型→成品

4. 成型后重复熟制

熟制→成型→熟制→成品

目前前两种工艺属于单加热法（单一加热法），后两种工艺属于复合加热法。

熟制作为面点制作的一个关键工序，有着严格的工艺顺序。操作时，必须按照不同原料的特性、不同的制作要求和不同品种的特色来加以区分和运用。不同熟制方法的工艺特点和其适用的品种见表19-2。

◆ 表19-2　　　　　　　　　　熟制方法比较表

熟制方法		主要的热传递方式	工艺特点	适用品种
单一加热法	煮			
	出汤煮	对流	大水量成熟	水饺、汤圆、馄饨
	带汤煮	对流	少量水成熟	粽子
	蒸			
	隔水蒸	对流	小锅蒸汽成熟	馒头、包子、花卷
	汽锅蒸	对流	汽锅蒸汽成熟	馒头、包子、花卷
	炸			
	油炸	对流	大油量高油温成熟	油条、春卷
	油汆	对流	大油量稍低油温成熟	花色油酥点心
	煎			
	油煎	传导	少量油成熟	清油饼、煎锅饼
	水油煎	传导、对流	少量油、水传导热成熟	锅贴、水煎包
	烤			
	明火烤	辐射	火焰成熟	烧饼、炉饼
	电热烤	辐射	电热能成熟	面包、酥饼
	烙			
	干烙	传导	金属传导热成熟	春饼、薄饼
	加水烙	对流、传导	金属、水蒸气成熟	馅饼
	刷油烙	传导	金属传导热成熟	家常饼
复合加热法	先煮后炒	—		炒疙瘩、炒河粉
	先炸后焖	—		伊府面
	先蒸后烤	—		烤馒头

第二十章

装饰工艺（二）

第一节 盘饰工艺

一、盘饰概述

1. 盘饰的概念

盘饰又称面点的围边设计。它是在传统面点制作工艺的基础上，运用现代面塑的手段，设计制作出植物、动物、人物、风景等造型，通过合理围饰、点缀或组装，使点心成品组合成完美的艺术图形的工艺过程。

2. 盘饰的目的

盛放点心的盘子，经过装饰后，可达到增加客人食欲，使客人获得美感，同时增加产品的卖点，提高经济价值的目的。

3. 盘饰的要求

盘饰的方法和手段是多样的，如点缀、喷洒、涂抹、雕、捏、编织、造型等；所用的原料也是多种多样的，如面料、澄粉、糖膏、油膏、杏仁膏、色素、樱桃、金糕、菜松、蛋松、巧克力、果料等。所以，盘饰的总体要求是以美化为标准，以简洁为原则，以色彩和谐艳丽为目标，最终达到色、形、意俱佳的效果。

（1）盘饰对器皿的要求

一般来讲，用于装饰的盘子应是素色的，最好是纯白色的。因为素色的盘子有利于表现作品的内容，体现作品风格。

（2）盘饰对卫生的要求

面点的盘饰一般都具有可食性。虽然食客并不一定食用盘饰材料，但作品均应按可食要求设计。因此，卫生工作很重要。我们不应只重视艺术要求而忽略了卫生要求。原料在加工前，应进行严格的消毒处理。对有些品种要进行热处理，有的还要设计必要的调味工序，使之既卫生，又与点心的口味相协调。

二、盘饰原料的准备

1. 混合面料的调制

（1）配方一

面粉 500 g，糯米粉 50 g，蜂蜜 50 g，沸水适量。

将面粉、糯米粉放入盆中混合拌匀，加入沸水和匀，以无干粉粒为度，放笼屉内蒸熟后取出，置于大理石案上，搓擦细腻，掺入蜂蜜揉匀，至面团滋润细腻光滑即可。

（2）配方二

面粉 500 g，糯米粉 150 g，糖 50 g，清水 600 g。

将面粉、糯米粉、糖、清水放入盆中混合成面坯，放入蒸锅蒸 15 min 至不粘手为止。取出后晾凉，揉匀揉透即可。

2. 澄粉面料的调制

（1）配方一

澄面 500 g，猪油 50 g，沸水适量。

澄面放入盆中，冲入沸水，调和均匀，软硬适度。取出置于大理石案上，反复搓擦揉匀，加入猪油，搓揉至面坯滑润即可。

（2）配方二

澄面 500 g，面粉 100 g，糯米粉 100 g，沸水 800 g，蜂蜜 25 g，猪油适量。

澄面、面粉、糯米粉、蜂蜜放入盆中，冲入沸水，调和均匀，软硬适度。取出置于大理石案上，反复搓擦揉匀，加入猪油，搓揉至面坯滑润即可。

3. 糖膏的调制

（1）配方一

糖粉 500 g，蛋清 100 g，香精 1 g，醋精 2 滴。

糖粉过罗，放入小盆内，加入蛋清，用尺板搅均匀，至起发呈白色。滴入 2 滴醋精，继续搅至能堆立住，基本不流散，再加入适量的香精调好味。用湿布盖好，备用。

（2）配方二

糖粉 500 g，蛋清 700 g，醋精 2 滴，白兰地酒 2 g。

将糖粉过罗，放在容器中，加入蛋清（糖粉与蛋清之比约为 1∶1.4，其调制量及稠度根据需要灵活掌握），搅拌至白色，能够挤出花纹时，加入 2 滴醋精、2 g 白兰地酒继续搅拌，直至使糖粉增白为止。搅好的糖粉用湿布盖好，待用。

4. 油膏的调制

（1）配方一

黄油 500 g，糖 500 g，清水 250 g，香精适量。

糖 500 g 加清水 250 g 放入不锈钢锅内，搅拌溶化后，上火熬开，用刷子抹去杂质，晾凉成糖水（约 400 g）待用。

黄油入盆化软，用尺板搅至发白，逐次加入糖水（每次必须充分搅拌均匀），将糖水全部兑入后，加入香精即成。

（2）配方二

黄油 500 g，糖水 350~500 g，白兰地酒适量。

黄油入盆化软（室温 20 ℃较好），用尺板搅至发白，逐次加入糖水（每次必须充分搅拌均匀），将糖水全部兑入（夏季约 350 g，冬季约 500 g）后，加入白兰地酒即成。

（3）配方三

糖粉 500 g，结力片 2 g，清水适量。

将结力片放入碗内，加入凉水泡软，控净水分，加入沸水泡至全部溶化。将糖粉过罗，放在案台上开成窝形，倒入结力片溶液，和成坯。此坯软硬适中，音译名为扎干。

三、盘饰原料的保管方法

1. 存放地点必须干燥、通风。
2. 切忌高温、潮湿。
3. 要避免异味感染，面料应置于干净的容器内码放整齐，面料之间应留有空隙。
4. 要随时控制温度，一般应控制在 1~5 ℃。

四、盘饰的基本手法

1. 揉

揉主要应用于盘饰面料的调制阶段。经过揉制形成的面坯，具有一定的柔韧性、可塑性，且色彩均匀，面皮光滑。

2. 搓

搓在盘饰工艺中常常用到，主要有搓团、搓条、搓球和掺色等。

3. 按

按是将搓好的面料用手掌或手指压扁的过程。

4. 卷

在制作筒状或带有弯曲叶片的作品时常用到卷法。

5. 瓢

在制作花卉等作品时，花蕊的安装手法称为瓢。

6. 扭

对作品某一部分进行弯曲、折转的方法称为扭，如花枝的形态定型。

7. 锁

锁即锁边。这种手法常用来处理花瓣的边缘部分，使之平滑柔顺。

8. 捏

捏是最常用的手法，也是最不容易掌握的技巧。几乎所有的造型均要靠拇指和食指捏出来。要求除了手巧，还要心灵。要对作品有总体的把握和具体的刻画能力，要达到形神兼备的境地。

9. 剪

剪是借助剪刀对作品的某一部分进行加工的过程，如鸟的羽毛、尾巴，人物的手、脚，花卉的枝、叶等。

10. 钳

钳是借助花镊子，对作品的某一部分进行定型加工的过程，如叶片、花瓣的纹理部分等。

11. 挤

挤是西点工艺中的基本手法，即运用各种花色定型挤嘴，挤注丰富多彩图案的过程。

12. 点

这种技法类似于"瓢"，不同之处是它适用于比较细小的局部处理，如人物的眼睛、花卉的花蕊等。

13. 雕

雕即雕刻，是借助刻刀，在制作人物、兽、鸟、鱼、虫等立体作品时，对其进行刻画的过程。

14. 印

印即用模子扣出图案，就像盖图章一样。借助模具，可以很快复制出众多图案相同的作品。

第二节　工艺美术在裱花技巧上的运用

一、点心装饰的基本技法

点心装饰要运用各种不同的工具和材料，施以不同的技法，以产生出各种不同的艺术效果。常用的技法有点绘法、线描法、平涂法、晕染法、镶嵌法、盖印法、拼摆法等。

1. 点绘法

点绘法是利用点的大小、方圆、疏密、规则与不规则的变化，构成物象的轮廓，形成有明暗的立体图案的装饰工艺技法。

2. 线描法

线描法是利用线的粗细、曲直、方圆、长短、疏密、轻重等变化来表现物象的轮廓和立体感的装饰工艺技法。

3. 平涂法

平涂法是借用常规美术中的平涂技法，将带色的膏、泥、条、粉、粒等食品原料，均匀地涂、抹、粘、筛在糕点图案的表层。厚薄一致、色度均衡是最主要的要求。

4. 晕染法

晕染法是借用常规美术中的晕染技法，将不同颜色的同质原料（如膏、泥、条等）用粘、抹、挤、划等手法，有机结合，形成自然的、渐变的、不规则的曲线美的装饰工艺技法。

5. 镶嵌法

镶嵌法是将原料嵌入图案坯内，或将原料镶在图案四边的造型技法。

6. 盖印法

盖印法是利用各种印章直接盖在糕点表面，装饰点心的一种技法。

7. 拼摆法

拼摆法是将各种固体原料直接拼放在糕点坯表面，构成图案的造型方法。

二、裱花工艺技巧

裱花是利用纸筒、布袋、裱花嘴等挤注工具，在饼坯、糕坯上挤注花样的一种装饰性技艺。它是面点图案制作工艺中难度较大的一种技巧。

裱花的原料大多采用油脂、糖粉、蛋清等原料调制的油膏、糖膏、蛋膏、奶膏。

裱花的基本图案有星形、花形、叶形、曲线形、点形、圈形、字母及简单的风景纹样等。

裱花工艺应注意以下几点。

1. 正确使用原材料

（1）琼脂的使用

用琼脂调制裱花糖膏可使裱花图案的表面呈胶体状，起到美化、装饰的作用。琼脂糖浆熬制后一定要过罗，滤去小硬块，以免硬块混入糖膏，造成裱花口堵塞，使裱口破裂。

（2）蛋白的选用

制作蛋白膏最好选用蛋白浓稠度高、韧性好的新鲜蛋白。

（3）原料间的比例

主要原料油脂、蛋白、糖浆、琼脂之间的比例和用量要根据用途而定。凡用来涂面或夹心的，因塑性要求不高，糖可稍多些；而用来挤注花型的，要求塑性良好，故糖的用量要稍少些，蛋白的比例应加大。

（4）糖膏的拌制

裱花用的糖膏、油膏，尤其是蛋白膏要求搅打得气孔细密、软而不塌，这样裱出的图案花纹才清晰。

（5）适当加酸

制作糖膏时，适当加一点柠檬酸可帮助糖膏凝固，增加其光洁度。用这样的糖膏裱成的图案不易变色，还具有水果香味。

2. 选好裱制工具

要根据表现对象的不同，选择不同齿口形状的裱花嘴。

3. 正确使用裱头

（1）裱头的高低和力度

裱头高，挤出的花纹瘦弱无力，齿纹易模糊；裱头低，挤出的花纹肥大粗壮，齿纹清晰。裱头倾斜度小，挤出的花纹瘦小；倾斜度大，挤出的花纹肥大。裱注时用力大，花纹粗大有力；用力小，花纹纤细、柔弱。

（2）裱头运行速度

不同的裱注速度，制成的花纹风格大不相同。对于粗细大小都较均匀的造型，裱注速度应较迅速。对于变化有致的图案，裱头运行的速度要有快有慢，使挤成的图案纹样抑扬顿挫，轻重相间。

4. 配色要自然、淡雅

裱花图案的色彩以使用天然色为主，必要时可加入化学合成色素。

5. 文字使用得体

（1）选用适当的字体。

（2）注意文字的含义。

（3）注意字的排列和布局。

（4）要根据图案中其他纹样的色彩，选择明度、色度适宜的文字色彩。

第三节　造型蛋糕制作实例

造型蛋糕是各种艺术造型在蛋糕中的综合体现，具有装饰性强、耐人寻味的特点。艺术造型蛋糕的造型，一般是对客观事物的模仿，如糖粉天坛模型、九龙壁模型等。艺术造型蛋糕不同于一般装饰蛋糕，其制作难度大，费时费力，欣赏价值高，主要用于装饰橱窗，宴会、各种大型活动的布景及满足客人的特殊需要。

一、心形蛋糕

1. 原料

（1）黄油酱用料。糖 250 g，清水 250 g，黄油 500 g，白兰地酒 30 g。

（2）装饰用料。红樱桃 1 个，装饰豆若干。

（3）心形清蛋糕坯 1 个。

2. 工艺过程

（1）熬糖水

将糖和清水一起加热至 110 ℃，冷却后备用。

（2）搅拌黄油酱

将黄油打起，由少至多地加入晾凉后的糖水，继续搅拌起发后，放少许白兰地酒调匀。

（3）整形

将心形蛋糕片成3片，分别刷上兑有白兰地酒的糖水，抹浅粉色的黄油酱，然后重新组装成心形的整体蛋糕坯。

（4）蛋糕装饰

成型的蛋糕根据需要，可在制品表面或四周挤花边、裱图案等。如：蛋糕中间可画上心和箭，用樱桃、装饰豆进行协调装饰。

3. 质量要求

形态美观，质地松软，口味适宜。

二、多层生日蛋糕

1. 原料

清蛋糕坯3个（直径分别是60 cm、50 cm、30 cm），打好的鲜奶油4 000 g，糖水1 000 g，杂果罐头800 g，鲜水果适量。

2. 工艺过程

（1）分别将3个蛋糕坯片为3层。然后刷糖水，夹杂果丁，抹奶油，使其形成3个直径大小不同的奶油蛋糕坯。

（2）在直径30 cm的奶油蛋糕表面挤上"生日快乐"，并用白色奶油裱上图案。

（3）直径50 cm的蛋糕坯经裱制后备用。

（4）直径60 cm的蛋糕坯，挤花边后，在边上放装饰物。

（5）将分别装饰完毕的3个蛋糕坯，用3层拆装式支架组合为整体。最后在底层蛋糕周围插上彩色蜡烛。

3. 质量要求

主题突出，色彩丰富；奶油平整，线条清晰；质地松软，口味清香。

三、糖粉造型蛋糕

1. 原料

糖粉、蛋清、醋精、杏仁膏、果酱适量，油蛋糕坯3个（直径分别是80 cm、

60 cm、40 cm）。

2. 工艺过程

（1）调制糖粉膏

糖粉过罗放置容器中，加入蛋清（糖粉与蛋清的比例约为 1∶1.4，其调制量及稠度根据需要灵活掌握），搅拌至白色，能够挤出花纹时，加入适量醋精继续搅拌，直至使糖粉增白为止。搅好的糖粉膏用湿布盖好，待用。

（2）包制油蛋糕坯

1）三个油蛋糕坯分别置于案台上，四周、表面都刷一层薄薄的果酱。

2）杏仁膏擀成均匀的薄片，分别将刷上果酱的油蛋糕包严。

3）调制稍稀一点的糖粉膏，轻轻地在包好的油蛋糕上刷一薄层糖粉膏，晾干备用。

（3）装饰

1）用带有花嘴的纸卷，装入调好的糖粉膏，分别在包好的蛋糕坯上挤花边及图案。

2）做必要的装饰物，如在蛋糕的上层，装饰一个用札干做的小天使或各种吉祥物等。

（4）成型

1）将分别装饰好的蛋糕坯，依次由大到小地进行码放。先将第二层蛋糕码放在第一层上，然后进行必要的装饰。

2）将第三层蛋糕坯码放在第二层上，然后将整个蛋糕的装饰及装饰物等协调地挤在或粘在蛋糕坯上，即为成品。

3. 注意事项

（1）糖粉类装饰蛋糕根据需要和爱好，可以做多种大型的装饰品。

（2）如果用作橱窗展品，则蛋糕坯可用木质模型代替，并在其上直接将札干抹平，包在其上即可。